플로리스트를 위한

# 화훼장식 색채학

FLORAL COLOR

플로리스트를 위한
# 화훼장식 색채학

**초판인쇄** 2015년 6월 26일
**초판발행** 2015년 6월 26일

**지은이** 장옥경 · 김지선
**펴낸이** 채종준
**기획** 이아연
**디자인** 조은아
**마케팅** 황영주 · 한의영

**펴낸곳** 한국학술정보(주)
**주소** 경기도 파주시 회동길 230(문발동)
**전화** 031 908 3181(대표)
**팩스** 031 908 3189
**홈페이지** http://ebook.kstudy.com
**E-mail** 출판사업부 publish@kstudy.com
**등록** 제일산−115호 2000. 6. 19

ISBN 978-89-268-6947-5 13630

개정증보판

플로리스트를 위한

# 화훼장식 색채학

FLORAL COLOR

장옥경 · 김지선 지음

이담 Books

## 머리말

출판사의 제안으로 『화훼장식가를 위한 색채학』을 출간한 지 벌써 수년이 지났고 이번에 두 번째 개정증보판을 출판하게 되었습니다. 당시 색채와 관련된 책은 많았지만 화훼장식 분야에서 참고할 만한 색채 교재가 없어 화훼 관련 학과의 교수님과 학생들은 물론 화훼 분야 종사자와 예비 플로리스트(화훼장식가)들의 많은 관심을 받았습니다. 그동안 보내주신 관심과 격려에 힘입어 일부 내용을 새롭게 보완하고 정리하여 이렇게 다시 출판하게 되었습니다.

현대사회에서는 기업의 마케팅이 단순히 제품의 고객만족에 그치지 않고 고객의 감성을 이끌어내는 감성마케팅으로 발전하고 있으며 모든 분야의 마케팅 현장에서 소비자의 감성을 중요한 키포인트로 설정하고 있습니다. 이러한 감성을 전달하는 중요한 요소 중 하나가 색채이며, 특히 어느 분야보다도 시각적이고 정서적인 반응이 요구되는 화훼장식 산업에서는 색채의 역할이 더욱 중요해지고 있습니다. 이에 화훼장식 분야에서 활동하고 있는 한 사람으로서 화훼장식 전공자와 관련 산업 종사자들에게 조금이나마 도움이 되었으면 하는 마음으로 『플로리스트를 위한 화훼장식 색채학』을 새로운 구성으로 엮어 출판하게 되었습니다.

이 책은 제1장 색채학, 제2장 화훼 색채학, 제3장 배색 실습, 그리고 제4장 화훼장식 디자인으로 구성되어 있습니다. 제1장에서는 색채의 기본이론을 학습할 수 있게 꾸몄고, 제2장에서는 색채 기본이론을 바탕으로 화훼장식 분야에 활용할 수 있도록 내용을 정리하였으며, 제3장에서는 다양한 감성어휘 등을 이용한 배색 실습, 그리고 제4장에서는 화훼 색채를 이해하는 데 도움이 될 수 있도록 화훼장식 디자인에 관한 이론을 수록하였습니다.

이 책의 내용을 정리, 수록하는 과정에 있어서 화훼식물의 색채에 대한 많은 부분을 손기철, 윤재길 교수님의 저서『꽃 색의 신비』를 참고하였음을 밝히며 두 교수님께 너그러운 양해와 함께 감사의 말씀을 드립니다.

이 책이 화훼장식 전문가를 꿈꾸며 오늘도 열심히 수련하고 있는 많은 예비 플로리스트(화훼장식가)들과 이들을 지도하시는 분들께 참고가 되는 소중한 책이 되었으면 하는 바람입니다.

끝으로 이 책이 나오기까지 성심으로 마무리해 주신 출판사 관계자분들께 깊은 감사를 표합니다.

2015. 6.
장옥경

# CONTENTS

# 화훼장식
# 색채학

---

색채의 이해

색채 체계론

KS 색채 표준

색채 심리와 마케팅

# PART. 1

# 색채학

# Ⅰ. 색채의 이해

## 1. 빛과 색채

### 1) 빛의 정의

색을 지각하게 되는 첫 번째 과정은 빛을 통해서이며 우리가 말하는 빛은 전자기 복사의 한 종류이자 에너지의 전달현상이라고 할 수 있다. 빛은 여러 가지 색 파장으로 이루어져 있으며 각 파장의 길이에 따라 특성이 다르게 나타난다. 그중 시감각을 일으키는 물리적 자극은 파장범위가 약 380~780nm(nanometer)인 가시광선이다. 이 가시광선은 우리 눈에 들어와 색 감각을 일으키며 파장범위에 따라 색상을 장파장인 빨강부터 단파장인 보라까지 인식하게 된다. 또한 빛은 우리 눈으로 지각될 수 있는 가시광선 영역 이외에도 많은 광선으로 되어 있으며, 각 파장의 영역에 따라 감마선, X선, 자외선, 가시광선, 적외선, 극초단파 및 전파 등의 전자기파로 구분된다.

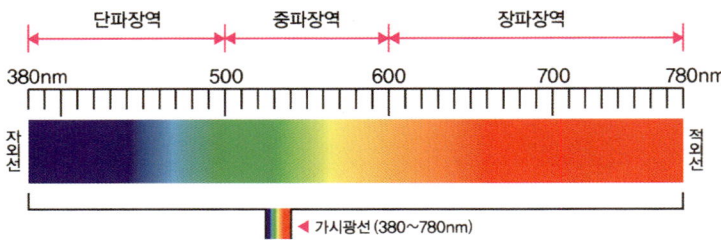

가시광선: 전자기파 중에서 사람의 눈에 보이는 범위의 파장을 가지고 있는것. 파장의 범위는 다르나 대체로 380~780nm이다.

### 2) 색(色), 색채(色彩)의 개념

#### ① 색의 물리적 정의

우리는 빛을 통하여 색을 보게 된다. 광원에서 나온 빛이 물체에 닿으면 물체는 그 표면의 특성에 따라 특정한 파장을 흡수하거나 반사하게 되는데 이때 반사되는 빛의 파장이 물체색으로 지각된다. 그래서 빛, 물체(대상물), 관측자(눈), 이 세 가지를 색을 지각하는 3요소라고 한다. 현재 색(色), 색채(色彩)는 거의 같은 개념적 의미로 이해되고 있지만 엄밀히 말하면 색이란 빛이 물체를 비추었을 때 생겨나는 반사, 흡수,

투과, 굴절, 분해 등의 과정을 통해 우리의 시신경을 자극함으로써 생기는 물리적인 지각 현상이고, 색채는 색의 물리적인 현상과 더불어 생리적이고 심리적인 현상에 의하여 성립되는 시감각(視感覺)이라고 할 수 있다. 즉, 색채는 빛이 눈에 들어와 시신경을 자극하여 뇌의 시각중추에 전달함으로써 생기는 감각으로서 물체의 색이 시각기관에 의해 지각됨과 동시에 생겨나는 느낌이나 연상, 상징 등을 함께 인식하여 디자인에 있어서 의미나 상징성, 거리감, 질감, 대비 등의 원리를 느끼게 하는 수단인 것이다.

우리가 보는 대부분의 색은 빛이 물체에 의해서 반사된 것이다. 물체는 그 특성에 따라 고유의 반사율을 가지고 있으며, 물체에서 반사되는 빛은 그 물체의 반사율에 의해 결정된다. 예를 들어 우리가 빨간색 꽃을 빨간색으로 지각하게 되는 까닭은 투사된 빛이 꽃에 닿을 때 다른 파장은 모두 흡수하고 빨간색 파장만이 반사되는데 우리는 이 반사된 빛의 자극을 그 색으로 인지하기 때문이다.

물체가 빛의 파장을 모두 반사할 경우에는 하양, 모두 흡수할 경우에는 검은색으로 보인다.

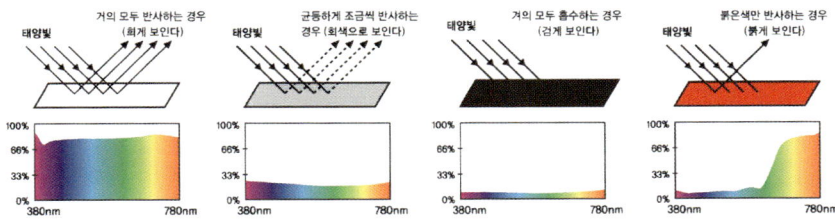

② 색의 언어적 정의

색은 각 나라별 사용하는 언어에 따라 다양하게 불린다. 영어로는 Color(영국: Colour), 프랑스어로는 Couleur, 독일어로는 Farbe, 한자로는 色으로 표기된다.

## 2. 빛(색)의 성질 및 현상

색은 여러 가지 빛의 성질에 의해 각각 다르게 인지된다. 색을 표현하는 빛의 성질에는 반사, 흡수를 비롯하여 굴절, 투과, 회절, 산란 등이 있으며 인간은 각 성질에 의한 현상을 사물의 색으로 인식하게 된다.

### 1) 반사(Reflection)

반사는 물체색을 결정짓는 데에 가장 중요한 역할을 한다. 예를 들어 빨간 장미는 빨간색에 관련된 파장만을 반사하고 나머지는 흡수하며 노란 장미는 노란색에 관한 파장만을 반사하고 나머지를 흡수하여 생기는 현상으로 반사를 통하여 각각 특정의 색을 우리가 인지하는 것이다.

### 2) 흡수(Absorption)

빛은 물체의 특성에 따라 일부 파장을 반사하고 나머지 파장은 흡수되거나 산란되면서 그 빛이 소멸하게 되는 것이다. 흡수란 빛이 물리적으로 물체의 내부에 빨려들어가는 것을 말한다. 빛을 모두 흡수하면 검은색에 가깝게 보인다.

### 3) 투과(Permeability)

빛이 물질 내부를 통과하는 현상이다. 투과색은 색을 가지고 있는 유리, 셀로판지, 플라스틱, 선팅, 신호등, 색안경 등에서 찾아볼 수 있다. 즉, 노란색 선팅이라면 노란색과 관련된 파장의 범위만 투과시키고 나머지 파장은 흡수하는 경우이다.

### 4) 굴절(Refraction)

빛이 광학적으로 불균질인 매질(媒質)이나 이종(異種)의 매질 간의 경계면에 입사할 때 위상 속도(位相速度, phase velocity)의 변화에 따라서 전파 방향이 변하는 현상을 말한다. 빛이나 소리 등의 파동에서 볼 수 있는 현상으로 아지랑이, 별의 반짝임, 무지개, 유리잔 속의 물체가 굽어보이는 현상 등이 있으며 렌즈나 프리즘 또한 빛의 굴절현상을 이용하는 것으로 광학기계의 중요한 부분을 구성한다.

### 5) 회절(Diffraction)

회절은 파동이 물체의 그림자 부분에 휘어 들어가는 현상으로 반사나 굴절 이외에 장애물이나 매질의 불균일성에 따라 진행 방향이 다른 파를 일으키는 현상이다. 금속이나 유리, 보석의 끝머리 부분이나 선 등에서 빛이 산란되면서 회절현상이 나타나면 빛의 방향을 다르게 진행시킨다. 그러므로 회절된 결과를 여러 각도에서 보게 되면 방향에 따라 각기 다른 색이 나타난다. 콤팩트디스크(CD), 곤충의 날개, 예리한 칼날 등에서 볼 수 있다.

### 6) 산란(Scattering) 및 확산(Diffuse)

산란은 많은 방향으로 생기는 빛의 불규칙한 반사, 굴절, 회절 등의 현상으로 빛이 매우 작은 요철이 있는 반사면에 입사할 경우와 작은 입자를 포함하는 매질 속을 통과하는 경우 빛의 진행 방향이 공간적으로 많은 방향으로 변하는 현상이다.

맑은 날의 하늘이 더욱 푸르게 보이는 것은 태양빛이 대기 중의 질소나 산소 분자에 의해 산란할 때 특히 파장이 짧은 파란빛이 산란되기 때문이다. 반대로 대기가 없는 우주 공간에서는 빛이 산란될 수 없기 때문에 하늘이 검게 보이는 것이다.

### 7) 간섭(Interference)

간섭은 빛의 파동이 일시적으로 둘로 나누어진 뒤 다시 결합되는 현상을 말한다. 즉, 두 개 이상의 빛이 동일점에서 중복되어 서로 강합 또는 약합되는 현상으로 파동 특유의 현상 중에 하나라고 볼 수 있다. 나비의 날개, 금속 마찰면의 색, 물 위의 기름 표면 등이 그 예이다.

## 3. 색의 분류

### 1) 색의 물리학적 분류

색의 물리학적 분류는 빛의 여러 성질에 따른 현상성과 연관하여 이해하여야 한다. 독일의 심리학자 카츠(David Katz, 1884~1953)의 분류에 의하면 표면색, 평면색, 공간색, 투명색, 경영색, 금속색, 형광색, 간섭색, 조명색, 광원색, 작열, 광택, 휘도 등으로 나뉜다.

### 2) 색의 일반적 분류

#### ① 무채색(Achromatic Color)

색 중에서 색상을 갖지 않고 밝고 어두움만을 갖는 색을 말한다. 즉, 하양에서 회색을 거쳐 검은색에 이르는, 색상(色相)과 채도(彩度)가 없고 명도(明度)의 차이만 있는 색을 일컫는다. 반사율의 정도에 따라 밝기가 달라지며 반사율이 85% 이상이면 하양, 60% 정도면 밝은 회색, 30% 정도면 어두운 회색, 3% 미만이면 검은색으로 본다.

하양에서 검은색까지 무채색의 밝은 정도를 감각적으로 등분 나열하고 그 배열에 붙인 번호로서 밝기를 구별하여 표기한다.

한국산업표준(KS)에서 규정한 무채색의 기본색은 다음과 같다.

그레이 스케일

#### ② 유채색(Chromatic Color)

하양에서 검정까지의 순수한 무채색 이외의 모든 색을 의미한다.

유채색은 약 750만 종에 달하며, 인간은 약 200만 가지의 색을 구별할 수 있으나 그중 실제로 지각할 수 있는 색은 약 200여 종이고 인간생활에 필요한 색은 40~50여 종에 불과하다. 유채색은 색의 3속성인 명도, 채도, 색상의 감각적인 요소에 따라 분류된다.

한국산업표준(KS)에서 규정한 유채색의 기본색은 다음과 같다.

| 빨강131 | 주황132 | 노랑133 | 연두134 | 초록135 | 청록136 | 파랑137 | 남색138 | 보라139 | 자주140 | 분홍141 | 갈색142 | 하양143 | 회색144 | 검정145 |
|---|---|---|---|---|---|---|---|---|---|---|---|---|---|---|
| 7.5R 4/14 | 2.5YR 6/14 | 5Y 8.5/12 | 7.5GY 7/10 | 2.5G 4/10 | 10BG 3/8 | 2.5PB 4/10 | 7.5PB 2/6 | 5P 2/6 | 7.5RP 3/10 | 10RP 7/8 | 5YR 4/8 | N9.5 | N5 | N0.5 |

KS기본 15색

### 3) 색의 3속성

인간이 색을 지각할 때 색이 가지고 있는 기본적인 성질에 따라 여러 가지 색으로 느끼게 된다. 이렇게 색을 규정짓는 세 가지 지각적 성질을 색상, 명도, 채도라고 하며 이 세 가지를 색의 3속성이라고 한다. 색상은 주파장에 의하여 구별되고 명도는 빛의 분광반사율과 분광투과율에 따라서 밝기가 결정되며 채도는 빛의 순도에 따라서 달라진다.

#### ① 색상(Hue)

빨강, 노랑, 파랑 등 사물을 봤을 때 색이 가지고 있는 독특한 성질이나 명칭을 말하며 유채색에만 존재한다. 색은 각 파장의 변화에 따라 구별되며 여러 색상 중에서 성질이 비슷한 것끼리 둥글게 배열하면 색상환이 된다. 이를 척도화한 수치나 기호로 색 이름을 말한다.

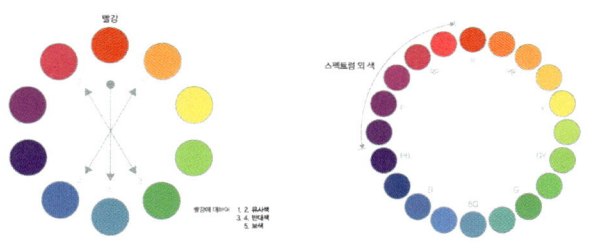

#### ② 명도(Lightness, Value)

물체의 표면이 모든 빛을 반사하면 하양으로 보이고 우리는 이 하양을 밝게 느낀다. 반면 물체의 표면이 모든 빛을 흡수하면 검은색으로 보이고 우리는 검은색을 어둡게 느낀다. 이처럼 빛이 반사하는 양에 따라 색의 밝고 어두운 정도를 느끼는 것이 명도이다.

색의 밝고 어두운 정도를 단계별로 표시한 것을 그레이 스케일(Gray Scale)이라고 하며 그 밝기의 정도에 따라 0~10단계로 구분하여 고명도, 중명도, 저명도로 표시한다. 명도는 빛의 분광율에 따라 다르게 나타나며 빛의 특성상 완전한 하양과 검은색은 존재하지 않는다.

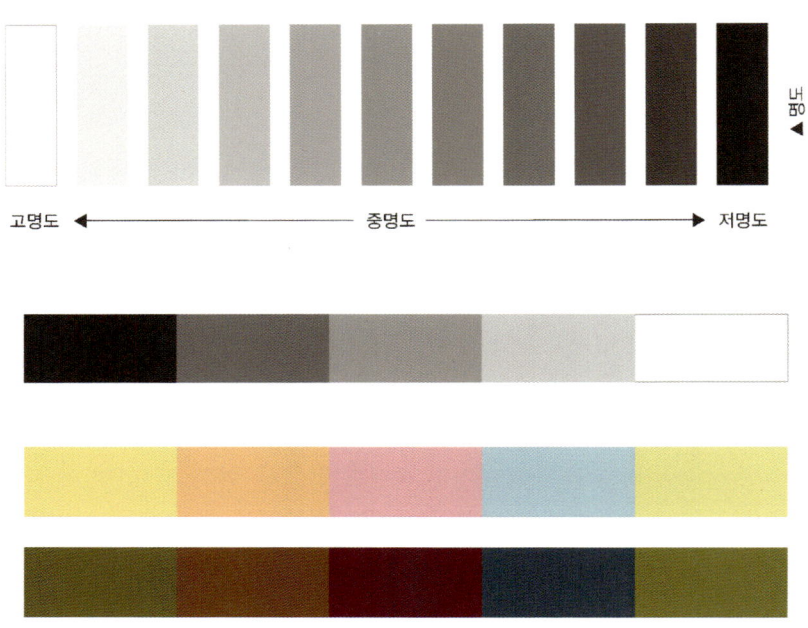

명도가 높은 색과 낮은 색

③ 채도(Saturation, Chroma)

채도는 색의 선명도를 나타낸다. 색의 맑고 탁함, 색의 강하고 약함, 순도, 포화도 등으로 다양하게 해석된다. 채도는 유채색에만 존재하며 순색일수록 채도가 높아지고 무채색이나 다른 색들이 섞일수록 채도는 낮아진다. 순색의 정도에 따라 고채도, 중채도, 저채도로 구분한다.

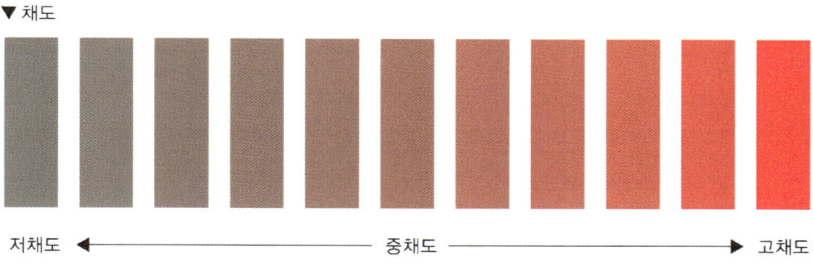

저채도 ← 중채도 → 고채도

채도가 높은 색과 낮은 색

- 순색: 특정한 색상계열 중에서 채도가 가장 높은 색을 말한다.
- 청색: 여러 색 중에서 채도가 가장 높은 색을 의미한다.
  · 명청색: 순색에 하양을 섞었을 때 나타나는 색. 예를 들어 명도가 높고 채도는 낮은 색을 말한다.
  · 암청색: 순색에 검정을 섞었을 때 나타나는 색. 예를 들어 명도, 채도가 모두 낮은 색을 말한다.
- 탁색: 채도가 매우 낮은 색으로 순색이나 청색에 회색을 섞을 때 나타나는 색을 말한다.

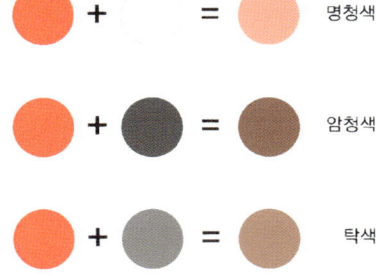

## 4. 색의 지각과 특성

1) 색의 지각과정

반사된 색 파장이라도 눈을 통과하지 않으면 우리는 색을 볼 수 없다. 따라서 색채를 보게 되는 첫 번째 과정은 빛이고 두 번째 과정은 물체이고 세 번째 과정이 시각기관이다. 눈을 통해 들어온 빛은 망막을 자극하게 되며 망막을 구성하고 있는 세포층이 그것을 자극으로 받아들여야 색을 볼 수 있는 것이다.

눈에 도달한 빛이 뇌에서 인식되기까지는 크게 4단계를 거치게 된다.

첫 번째 단계는 외부에서 입사하는 빛을 정확하게 상으로서 망막에 맺히게 하는 광학적 단계이다. 이 단계에서 빛이 각막으로 들어와 방수, 동공, 수정체, 유리체, 망막 순으로 인식이 된 후 그다음 단계인 망막에서 그 상을 인간의 체내에서 사용할 수 있는 신호로 변환하게 된다. 세 번째 단계는 그 신호를 뇌에 전달하는 단계이다. 망막에서 색소층, 시세포, 시신경으로 변환되어 뇌에 전달되고 마지막 단계에서 색, 모양, 그 밖의 정보로 뇌에서 인식되어 우리가 색을 볼 수 있는 것이다. 즉, 빛 → 각막 → 동공(홍채로 조절) → 수정체 → 유리체 → 망막 → 색소층 → 시신경 세포 → 뇌의 순서로 지각하게 되며 뇌에 전달된 정보는 수용자의 학습에 의하여 색을 구별하게 되는 것이다.

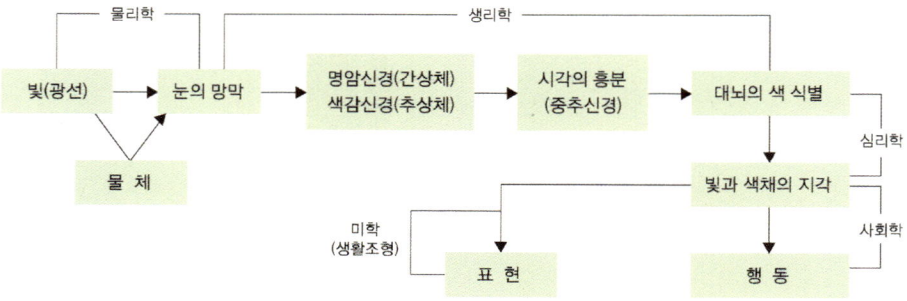

## 2) 색채의 지각적 특성

색의 대비란 두 가지 이상의 색이 서로에게 영향을 주어 실제의 색과 다르게 보이며 서로의 색 차이가 강조되어 보이는 현상을 말한다. 즉, 색채 사이에 느껴지는 감각의 차이를 색채의 대비라고 하며 이러한 대비현상은 지속적으로 이어지기보다는 대부분 순간적으로 일어나며 시간이 경과함에 따라 그 정도가 약해진다.

어느 영역의 색이 공간적·시간적으로 근접하는 다른 색과 상호 영향을 주고받게 되어 그 차이가 강조되어 지각되는 효과인 것이다. 색채의 대비는 시간적 대비인 동시대비와 계시대비가 있고 3속성과 관련된 색상, 명도, 채도, 보색대비, 그리고 색들이 관계되는 상황이나 감정에 따라서 연변대비, 면적대비, 한난대비 등으로 구분된다.

### ① 시간적 대비

#### – 동시대비

동시대비는 두 가지색을 동시에 보았을 때 그 색의 보임에 상호 영향을 주는 것이다. 즉, 어떤 화면을 볼 때 화면 내에 있는 색들이 실제의 색과 다르게 보이는 현상을 말한다. 동시대비에는 색상대비, 명도대비, 채도대비, 보색에 대한 대비가 있다. 색차가 클수록 대비현상은 커지며 중성색이나 회색은 색채가 갖는 강도가 매우 약하기 때문에 주변 색으로부터 많은 영향을 받아 동시대비가 크게 나타나는 색이다. 동시대비는 색 면으로 느껴지는 감각적 자극의 균형을 이루기 위해 시각기관이 스스로 작용한 결과로서 나타나는 현상이다.

#### – 계시대비

계시대비는 하나의 색을 보고 자극을 받은 후 다른 색을 보면 앞 색의 영향으로 그 색이 다르게 보이는 현상을 말한다. 예를 들어 빨강을 잠시<sup>(약 1분)</sup>보다가 시선을 옮겼을 때 빨강의 보색인 녹색<sup>(청록색)</sup>이 보이게 되는데 이런 현상을 잔상에 의한 색의 대비, 즉 계시대비라고 한다. 계시대비에는 잔상대비, 한난대비, 면적대비, 연변대비가 있다.

② 3속성의 대비

- 색상대비

색상대비란 색상이 다른 두 색이 서로 대조가 되어 두 색 간의 색상 차가 크게 보이는 현상이다. 즉, 색채 간의 차이를 느끼는 주된 요인이 색상인 경우를 말한다. 색상 간의 대비가 가장 강하게 느껴지는 색은 삼원색이다. 2차색 보다는 1차색이 색상대비가 더 많이 느껴지고 색상 사이에 하양이나 검은색을 두르게 되면 색상 간의 대비가 더욱 명료하게 느껴진다. 색상대비는 면적비가 클수록 그 효과가 강조된다.

이러한 색상대비의 효과는 민속공예나 토속적인 미술품에서 많이 볼 수 있다. 한국의 전통의상인 색동저고리나 전통 건축의 단청에서도 강한 색상대비를 찾아볼 수 있다. 자연의 장미꽃은 빨강의 꽃 색과 녹색의 줄기, 잎의 색상 차에서 강한 색상대비를 느낄 수 있다. 색상대비가 강한 구성은 화려하고 생명력이 넘치는 힘이 있으며 시각적 자극이 강하기 때문에 시선집중의 효과가 크다.

- 명도대비

색채들 간의 차이를 느끼는 주된 요인이 명도일 경우를 명도대비라고 한다. 즉, 명도대비란 명도가 다른 두 색이 서로 대조가 되어 두 색 간의 명도 차가 크게 보이는 현상이다. 가장 어두운색은 검은색이며 가장 밝은색은 하양이다. 검정과 하양을 혼합할 때 그 조성의 차이에 따라 다양한 단계의 회색이 나타나게 된다. 회색은 중성색으로서 주변 색에 의해 가장 많은 영향을 받는 색이다. 주위의 명도가 높으면 본래의 명도보다 낮게 보이고, 주위의 명도가 낮으면 본래보다 높은 명도로 보인다.

이러한 명도대비는 무채색의 경우 두드러지게 나타나는데, 명도단계를 연속시켜 나열하였을 경우 각각 인접한 색끼리 두드러지게 나타난다. 명도대비가 가장 효과적으로 사용된 예는 동양의 수묵화나 동판화에서 찾아볼 수 있다. 명도대비는 유채색에서도 일어나며 우리의 감각은 색상, 명도, 채도대비 중 명도대비에 가장 민감하다. 명도대비가 강하면 선명하고 산뜻하며 명쾌한 느낌을 얻을 수 있고, 전체적으로 밝은 명도를 사용하면 명도대비가 약하며 밝고 가벼우면서 부드러운 느낌을 얻을 수 있다. 또한 전체적으로 어두운 명도를 사용하고 명도대비가 약하면 무겁고 차분한 느낌을 얻게 된다.

- 채도대비

채도대비는 색채가 지닌 순수한 정도의 차이를 의미한다. 주위의 채도가 높으면 본래의 채도보다 낮게 보이고 주위의 채도가 낮으면 본래보다 높은 채도로 보인다. 모든 색채는 가장 순수한 상태에서 최고의 채도를 지니며 하양, 검은색, 회색, 보색을 혼합함에 따라 채도가 감소하게 된다. 채도대비는 유채색과 무채색 사이에서 더욱 뚜렷하게 느낄 수 있다. 무채색끼리는 채도대비가 일어나지 않는데 이는 색상이 없는 색채에는 채도대비가 일어나지 않음을 의미한다.

– 보색대비

2가지 색을 혼합하였을 때에 무채색이 되는 색을 보색관계에 있다고 하며 이 두 색은 보통 색상환에서 서로 반대쪽에 위치한다. 보색대비는 색채들 간의 차이를 느끼게 해주는 주된 요인이 보색관계인 경우를 말한다. 보색끼리의

보색대비의 예

배색에 있어서는 각각의 잔상의 색이 상대편의 색상과 같아지기 위해 서로의 채도를 높이게 되어 색상이 더욱 두드러진다. 유채색에 둘러싸인 무채색도 잔상의 영향으로 보색 기미를 띤다. 보색대비는 서로의 색을 방해하지 않고 가장 순수하고 생기있게 하는 효과가 있다. 보색대비는 동시에 명도대비 현상도 초래한다.


③ 연변대비, 면적대비, 한난대비
– 연변대비

나란히 배치된 색의 경계 부분에서 일어나는 대비현상이다. 연변대비는 인접되어 있는 부분에 특히 강하게 대비효과가 일어난다. 또한 색상이나 채도에서도 나타나며 명도를 단계별로 나열하면 명도가 높은 색과 접하고 있는 부분은 어둡게 보이고, 반대로 명도가 낮은 색과 접하고 있는 부분은 밝게 보이는 현상이다.

명도가 강조되어 보인다.

색이 강조되어 보인다.

- 한난대비

차가운 색[한(寒)]과 따뜻한 색[난(暖)]이 대비되었을 때 서로에게 영향을 주어 더욱 따뜻하거나 차갑게 느껴지는 현상을 말한다. 불이나 태양과 같이 뜨거운 온도를 연상시키는 색상은 따뜻하게 느껴지고, 물이나 얼음과 같이 차가운 온도를 연상시키는 색상은 차갑게 느껴진다.

색상환을 기준으로 노랑에서부터 주황, 빨강, 붉은보라까지의 반원은 난색계열에 속하고, 노랑에서부터 연두, 초록, 파랑, 푸른보라까지의 반원은 한색계열에 속한다. 일반적으로 가장 따뜻하게 느껴지는 색은 주황색이고, 가장 차갑게 느껴지는 색은 청록색이다.

한난대비의 효과는 순색의 경우에 그 효과가 가장 크게 나타난다. 한난대비의 효과는 색상에서 강하게 느껴지지만 명도에 의해서도 느껴진다. 또한 한난대비의 효과는 원근감을 형성해 낼 수도 있다.

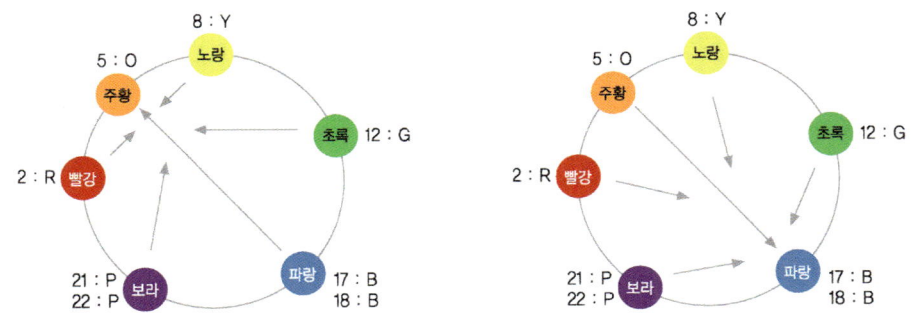

- 면적대비

면적대비는 색채가 면적의 비에 따라 다르게 느껴지는 차이를 말한다. 면적대비는 색채의 양(量)적 대비라고도 말할 수 있다. 즉, 동일한 색이라도 면적이 커지게 되면 명도와 채도가 증가되어 더욱 밝고 채도가 높아져 보이는 현상이다. 반대로 작은 면적의 색은 실제보다 명도와 채도가 낮아 보인다. 가장 맑은 순색에 있어서는 각 색상이 지닌 명도에 따라 그 면적의 배분을 달리함으로써 색 면의 균형을 느낄 수 있다. 예를 들어 프랑스의 국기가 면적대비의 대표적인 예이다. 프랑스의 국기는 눈으로 보기에 빨강, 하양, 파란색의 면적이 같게 보이지만 실제적으로는 각 색상별로 면적이 다르게 구성되어 있는 것이다.

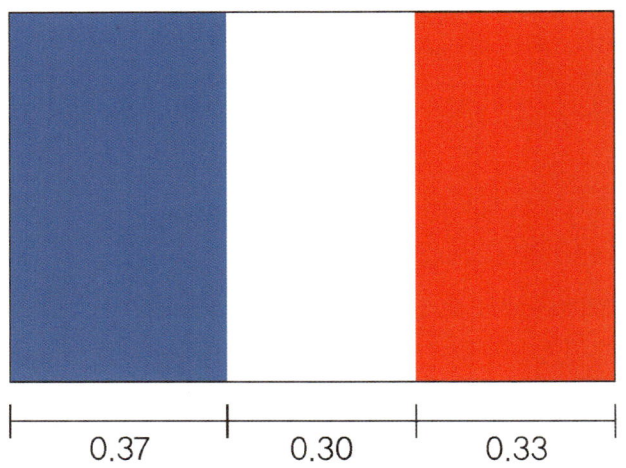

프랑스의 국기. 3색 폭의 비율이 서로 다르다. 빨강이 평창색이자 진출색이므로 파랑보다 좁은 면적으로 구성되어 있다.

3) 색의 지각과 감정효과

일상생활 속에서 우리들이 접하는 대부분의 색에 대해 우리들의 의식에는 여러 가지 다양한 반응들이 일어나고 있다. 빨강은 강렬하다거나 맛있는 음식을 연상하게 되고 파란색을 보면 차가움이나 바다, 물 등을 연상하는 등 그 색과 관련성이 있는 사물이나 자연현상을 자연스레 떠올리게 된다. 같은 장미꽃을 보더라도 각각 색상에 따라 다른 이미지를 연상하게 된다. 빨간색 장미에서는 정열적이고 강인한 인상을, 하양 장미에서는 청순함과 순결함을 연상하게 된다. 이러한 색에 대한 이미지는 이전의 색이 지닌 정보나 경험과 연결되어 반응하며 나이나 성별을 초월하여 많은 사람에게 공통적으로 나타나기도 한다.

① 온도감

색채에서 느껴지는 따뜻함과 차가움의 감정들을 말한다. 색채의 온도감은 크게 난색, 한색, 중성색으로 구분한다.

- 난색

색상환에서 나란히 위치한 빨강, 주황, 노랑의 색들이 여기에 속하며 따뜻한 느낌을 주는 색이다. 유채색의 경우 주로 빨강 위주의 고명도, 고채도의 색일 때 따뜻하게 느껴지며 무채색일 때는 저명도의 색이 더 따뜻하게 느껴진다.

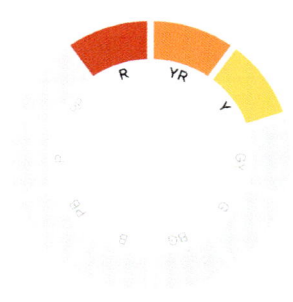

- 한색

색상환에서 청록, 파랑, 남색들의 색은 차가운 느낌을 준다. 한색과 난색의 온도감은 온도 조건이 동일한 실내에서도 섭씨 약 3도 정도의 체감온도를 느낀다고 한다. 유채색에서는 파랑계통의 저명도, 저채도의 색이 차갑게 느껴지며 무채색의 경우 고명도인 하양이 더 차갑게 느껴진다.

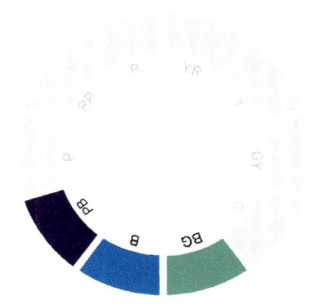

- 중성색

연두~초록, 보라~자주색은 별도로 중성색이라고 불린다. 극단적인 한·난감은 없으며 난색과 인접해 있으면 따뜻하게 느껴지고 한색과 가까이 있으면 차갑게 느껴진다.

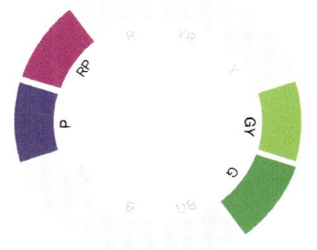

색의 온도감은 동일색상이라도 명도나 채도의 영향을 받게 되며 소재의 재질감이나 기타 요소에 따라 영향을 받는다.

| 구분 | 관련 감정효과 | 거리 · 크기감 | 시간의 경과감 | 도형이미지 | 연상(곡조) | 인상 |
|---|---|---|---|---|---|---|
| 난색 | 진출색, 팽창색, 흥분색 | 가깝고 크게 | 빠르게 | 원 | 장조 | 가까운, 둥근, 위험한, 시끄러운, 화려한 |
| 한색 | 후퇴색, 수축색, 진정색 | 멀고 작게 | 느리게 | 삼각형 | 단조 | 먼, 각진, 안전한, 조용한, 수수한 |

– 색채와 음양

우리나라와 중국 등 동양권에서는 따뜻한 느낌의 색은 양(陽)으로 차가운 색은 음(陰)으로 색채를 음양의 역학적 원리에 적용시켜 왔다.

② 중량감

색채에서 느껴지는 무게감으로 각각의 색에 따라 무겁거나 가볍게 느껴지는 현상을 말한다. 중량감은 명도에 따라 좌우되며 고명도의 색은 가볍게, 저명도의 색은 무겁게 느껴진다.

색채에서 느껴지는 중량감은 무거운색에서 가벼운색 순서로 검정–파랑–빨강–보라–주황–초록–노랑–하양 순이다.

– 무거운색: 저명도의 색들은 대체적으로 무겁게 느껴진다.
– 가벼운색: 고명도의 색들은 대체적으로 가볍게 느껴진다.

③ 색의 촉감(경연감)

색에서 느껴지는 감정 중 부드럽고 딱딱한 느낌을 말한다. 색의 경연감은 주로 채도 및 명도의 영향을 받으나 간혹 배색의 영향을 받기도 한다. 대비가 강한 배색은 딱딱하게, 대비가 약한 배색은 부드럽게 느껴진다. 색의 촉감은 소재의 질감에 따라 영향을 많이 받는다.

- 부드러운 색: 고명도, 난색계, 저채도의 색들은 부드럽게 느껴진다.
- 딱딱한 색: 저명도, 한색계, 고채도의 색들은 딱딱하게 느껴진다.

④ 부피감

색채에서 느껴지는 부피감은 저명도일수록 작게 보이고 고명도일수록 크게 보인다. 색채의 부피감은 주변 색의 영향을 받기도 하는데 주변 색보다 밝은색일수록 크게 보인다.

⑤ 흥분과 진정색

고채도의 화려한 색으로 구성된 운동복은 운동경기의 활동성을 더욱 증가시키는 역할을 한다. 또한 푸른 하늘과 청록색의 숲은 우리의 마음을 진정시키는 효과가 있다. 이러한 색채의 생리적 영향력은 심리적 작용과 함께 실제로 혈압과 맥박의 상승이나 저하에 영향을 주어 색채치료의 한 부분으로 활용되고 있다.

- 흥분색: 주로 난색계통의 고명도, 고채도의 색들은 눈에 자극을 주어 흥분감을 높이는 색이기 때문에 강한 자극이나 강조를 표현할 때 주로 사용된다.
- 진정색: 한색계통의 저명도 색상이 진정색에 해당한다. 진정색을 보게 되면 기분이 안정되고 편안함을 느껴 피로를 풀 수 있으며 차분한 느낌을 표현해야하는 공간에 적용하면 효과적이다.

⑥ 시간성

색채는 시간과 속도의 지각에도 영향을 미치게 된다. 색채의 시간성은 색상과 채도에 의해서 좌우된다.

- 시간감: 미국의 색채연구가 파버 비렌(Faber Birren)에 의하면 파장이 긴 난색계열의 색상은 시간의 흐름을 길게 느끼고 단파장의 한색은 시간의 흐름을 짧게 느끼게 된다고 한다. 그러므로 회전율을 높여야 되는 패스트푸드점 같은 공간은 난색계열로 배색을 하고 기다림이 지루하게 느껴지는 대합실 같은 공간은 한색계열로 공간 배색을 하면 색채 시간감의 효율성을 기대할 수 있다.
- 속도감: 장파장의 난색계열은 속도감을 높여주게 되며 단파장의 한색계열은 속도감을 둔화시키는 효과가 있다. 또한 고명도나 고채도의 색상은 속도가 빠르게 지각되고 저명도, 저채도의 색상은 속도가 느리게 지각되는 성질을 가지고 있다.

⑦ 진출색과 후퇴색

색상에 따라 같은 조건에서 보더라도 원근감이 다르게 나타나는 경우가 있다. 이런 것을 진출색과 후퇴색이라고 한다.

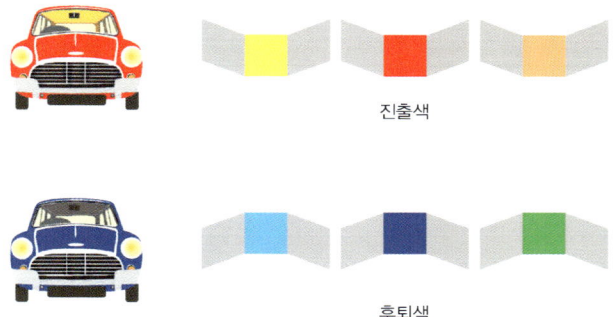

진출색

후퇴색

- 진출색: 진출색이란 앞으로 튀어나와 보이는 색을 말하며 고명도, 난색계열의 색채와 유채색이 진출되어 보인다.
- 후퇴색: 후퇴색이란 뒤로 물러나 보이거나 멀리 있어 보이는 색을 말한다. 저명도, 저채도, 한색계열의 색채가 후퇴되어 보인다.

⑧ 팽창과 수축색

색채는 때때로 실제의 면적보다 넓게 혹은 좁게 느껴지는데 이를 팽창색과 후퇴색이라고 한다. 진출과 후퇴색은 팽창과 수축과도 연관성을 가지고 있다.

- 팽창색: 팽창색은 외부로 확산되려는 성향을 가지고 있기 때문에 실제보다 크고 팽창되어 보인다. 진출색과 비슷한 성질로서 고명도, 고채도의 난색계열은 실제보다 확산되어 보인다.
- 수축색: 실제보다 작고 좁아 보이는 현상을 수축색이라고 한다. 후퇴색과 비슷한 성향을 가지고 있고 저명도, 저채도, 한색계열의 색채가 수축색에 해당한다.

색의 팽창, 수축 효과로 원의 크기는 같지만 왼쪽 것이 더 커 보인다.

⑨ 주목성

주목성은 유목성이라고도 하며 사람들의 시선을 끄는 색채를 말한다. 고명도, 고채도, 난색계열의 색채가 여기에 해당한다. 이러한 색채는 짧은 시간에 사람들 눈에 잘 띄어야 하는 표지판, 심볼마크, 포스터 광고 등에 사용하면 효율적이다.

⑩ 시인성

원거리에서도 잘 보이는 물체의 색을 시인성이 높다고 한다. 즉, 물체의 색이 얼마나 뚜렷하게 잘 보이는가의 정도이며 시인성은 색의 3요소에 의해서 다르게 나타나지만 배경과의 명도 차이에 가장 민감하게 나타난다.

시인성이 높은 배색

시인성이 낮은 배색

## 5. 색의 혼합

2가지 이상의 색광이나 색료를 혼합하여 새로운 색을 만들어 내는 것을 말한다. 컬러 TV의 화상이나 사진, 인쇄물, 직물 등은 색의 혼합인 혼색의 법칙을 활용한 것이다.

### 1) 혼색의 종류

① 감법혼색(Subtractive Mixture)

감산혼합, 감법혼합, 색료의 혼합이라고도 한다. 색료의 혼합으로 색을 더할수록 순색의 강도가 약해져 원래의 색보다 명도가 낮아지는 혼색을 말한다. 색을 모두 더하여 검정에 가까운 색이 되는 시안(Cyan), 마젠타(Magenta), 옐로우(Yellow)가 3원색이다. 감법혼합으로 3원색의 2차색을 조합하여 혼합하면 다음과 같다.

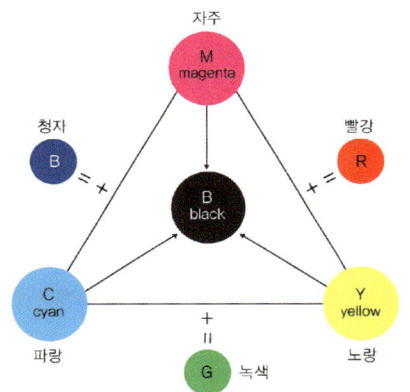

색광 혼합의 원리(가산혼합)

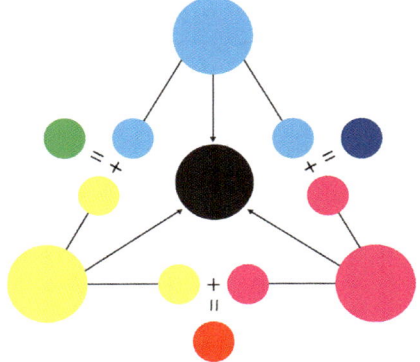

감법혼색으로 만들어지는 색과 그 분광분포

옐로우(Y) + 시안(C) = 초록(G)

옐로우(Y) + 마젠타(M) = 빨강(R)

마젠타(M) + 시안(C) = 파랑(B)

시안(C) + 마젠타(M) + 옐로우(Y) = 검정(BL)

② 가법혼색(Additive Color Mixture)

가산혼합, 빛의 혼합, 플러스혼합이라고도 한다. 색광과 색광을 혼합했을 때 원래의 색광보다 혼합 후의 색광이 밝아지는 혼합을 가법혼색이라고 한다.

가법혼색의 3원색은 빨강(R), 초록(G), 파랑(B)이다. 빛의 혼합은 혼합하는 색이 많을수록 명도는 높아지고, 채도는 낮아진다.

가법혼합의 3원색의 혼합에 의해 만들어지는 2차색은 다음과 같다. 빛과 무대의 조명, 스크린, 컴퓨터나 TV 모니터의 혼색에서 볼 수 있다.

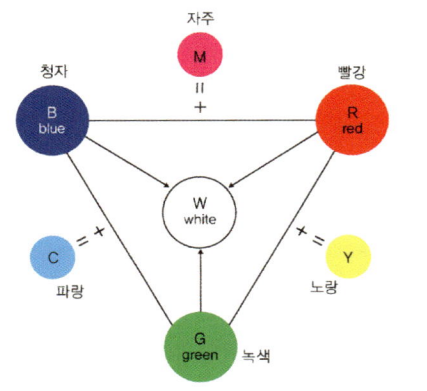

색광 혼합의 원리(가산혼합)

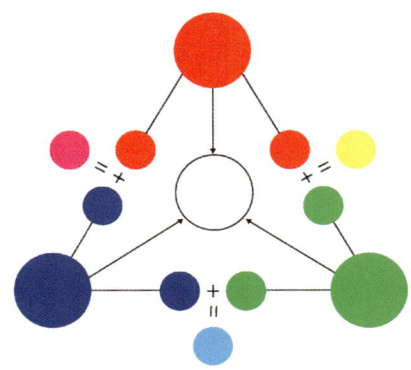

가법혼색으로 만들어지는 색과 그 분광분포

빨강(R) + 초록(G) = 옐로우(Y)

초록(G) + 파랑(B) = 시안(C)

파랑(B) + 빨강(R) = 마젠타(M)

빨강(R) + 초록(G) + 파랑(B) = 하양(W)

③ 중간혼색

중간혼색은 가산혼합과 감산혼합처럼 동시혼합이 아니라 주변의 환경적 요인에 따라 실제로 혼합되어진 것처럼 보이는 시각적인 혼합을 말한다. 즉, 외부의 조건으로 인하여 직접적인 혼합이 아닌 시각적으로 혼합되어 보이는 현상을 말한다. 감법혼합이나 가법혼합 모두 각각의 3원색에서 인접한 두 색을 혼합하면 그 중간에 해당하는 새로운 색이 만들어지는 것이 중간색이다.

중간혼합에는 회전혼합과 병치혼합이 있다.

**- 회전혼합**

회전혼합이란 두 개 이상의 색을 빠르게 회전시키면 색이 혼합되어 보이는 현상이다. 혼합된 색은 혼합된 모든 색들의 중간 색상, 중간 명도가 되며 면적 비율에 따라 색상이 결정된다. 이러한 현상은 색팽이나 바람개비에서 쉽게 찾아볼 수 있다.

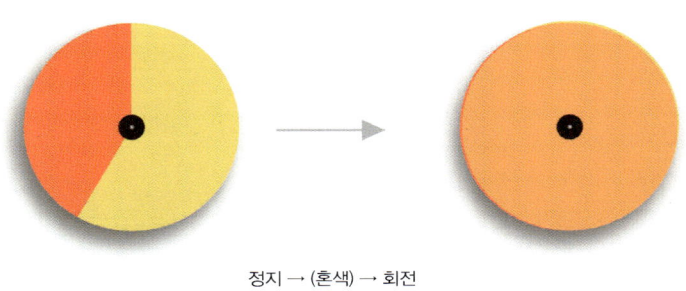

정지 → (혼색) → 회전

**- 병치혼합**

병치혼합은 색을 혼합하기보다는 색을 인접하게 배치하여 서로 혼합되어 보이는 현상을 말한다. 즉, 색을 직접 섞지 않고 색 점을 섞어 배열함으로써 거리를 두고 관찰할 때 눈의 착시현상으로 혼합된 것처럼 중간색이 보이는 것이다. 색의 혼합은 색면적과 거리에 비례하는데 색 점이 작을수록 혼합이 잘 되어 보인다. 이러한 현상은 여러 색으로 직조된 직물이나 미술의 점묘법, 모자이크 등에서 잘 나타난다.

인쇄한 그림을 확대한 이미지

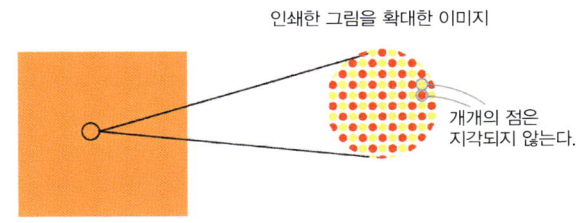

개개의 점은
지각되지 않는다.

# II. 색채 체계론

## 1. 색채 체계

### 1) 표준 색체계

색채 체계란 색채를 보다 정확하고 효율적으로 사용하기 위한 규정이다. 즉, 바르게 측정하고 관리, 전달하기 위한 수단인 것이다. 색채 체계론은 아리스토텔레스 이후 현재까지 많은 학자와 전문가들이 연구 노력하여 발전되어 왔으며 우리나라는 한국산업표준(KS)으로 제정하여 사용하고 있다.

### 2) 현색계와 혼색계

색을 표시하는 데에 정량적이고 체계적으로 다룬 것을 표색계라고 한다. 표색계는 색을 표시할 때 과학적이고 효율적으로 전달할 수 있으며 물리적인 색채를 표시하는 현색계와 빛에 의한 성질에 따라 색을 표시하는 혼색계로 구분된다.

#### ① 현색계

현색계는 색의 3속성에 따라 번호나 기호를 사용하여 정량적으로 표시하는 방법이다. 색의 3속성에 의하여 규정되어지며 현색계의 대표적인 종류로는 한국산업표준(KS), 먼셀, NCS, DIN 등을 들 수 있다.

- 장점: 사용과 이해가 쉽고 시각적으로 확인이 가능하며 용도에 맞게 배열과 개수를 조절할 수 있다.
- 단점: 반드시 색표를 봐야 한다는 점과 정밀한 색표를 구하기 어렵고 광원의 영향에 따라 다르게 지각되며 변색되기 쉽다는 단점이 있다.

#### ② 혼색계

혼색계는 물리적인 측면에서 빛에 의해 색을 표시하는 방법이다. 각 물체에 따른 파장별 반사율을 통하여 정확한 수치의 색을 얻을 수 있다. 혼색계는 그 유용성과 정확성으로 현재 측색의 기초를 이루고 있으며 산업생산 분야와 과학 분야에 적극적으로 활용되고 있다.

오스트발트 색체계와 CIE(국제조명위원회) 표준 색표계가 대표적인 혼색계이다.

- 장점: 혼색계는 사용자가 환경을 임의로 설정하여 측정할 수 있으며 색표계로 변환이 가능하고 수치로 표기되기 때문에 물리적인 변색이 일어나지 않는다.
- 단점: 색을 지각할 수 있는 감각적 부분은 없으며 실제 현색계 색표와 많은 차이가 날 수 있고 정확한 측색에는 기기가 필요하다.

## 2. 색채 체계의 종류

여러 가지 표준 색체계 중 대표적인 색체계는 한국, 일본, 미국 등의 표준 색체계인 먼셀시스템과 유럽 표색체계의 기본모델이 되고 있는 오스트발트 색체계, 그리고 스웨덴을 비롯한 유럽 여러 나라의 표준 색체계인 NCS 체계가 있다. 그리고 기타 색체계로 CIE[국제조명위원회, Commission international de l'e,clairage(불)] 색표계, PCCS(Practical Color Co-ordinate System), DIN(독일공업규격, Deutsches institute fur Normung) 색체계 등이 있다.

### 1) 먼셀 색체계
미국의 화가이며 색채 연구가인 먼셀(Albert H. Munsell, 1858~1918)에 의해 1905년에 창안되었다. 그 이후 1943년 미국의 광학협회(Optical Society of America)에 의하여 수정 발표된 후 사용된 표색계를 오늘날 먼셀 표색계라고 한다.

한국산업표준(KS A0062)의 '색의 3속성에 의한 표시방법'에서 먼셀 색체계의 색표기에 근거하여 색을 표시하고 있으며 색채 교육용으로도 널리 활용되고 있다. 먼셀의 색체계는 색의 3속성인 색상, 명도, 채도에 따라서 계통적으로 색을 분류하여 배치하였다. 3속성에 따른 3개의 척도를 기호로 표시하여 한눈에 볼 수 있는 색입체를 고안했으며 현재 가장 널리 사용되는 색체계이다.

### ① 먼셀의 색상환
먼셀의 표색계는 색상(Hue), 명도(Value), 채도(Chroma)의 색입체로 설명할 수 있다. 세로축에는 명도, 주위의 반원모양에는 색상, 가로축에는 채도로 구성되며 먼셀의 색상환은 빨강(R), 노랑(Y), 초록(G), 파랑(B), 보라(P)의 5가지 기본색과 그 사이의 2차색인 주황(YR), 연두(GY), 청록(BG), 남색(PB), 자주(RP)를 배열하여 모두 10색상으로 구성되어 있다. 각 색상에서는 가장 기본이 되는 색상을 5번으로 나타낸다. 예를 들어 빨강 중 가장 기본이 되는 색상을 5R이라고 표시한다. 이런 원리를 이용하여 색들을 둥글게 고리 모양으로 배열하여 놓은 것을 색상환이라고 한다.

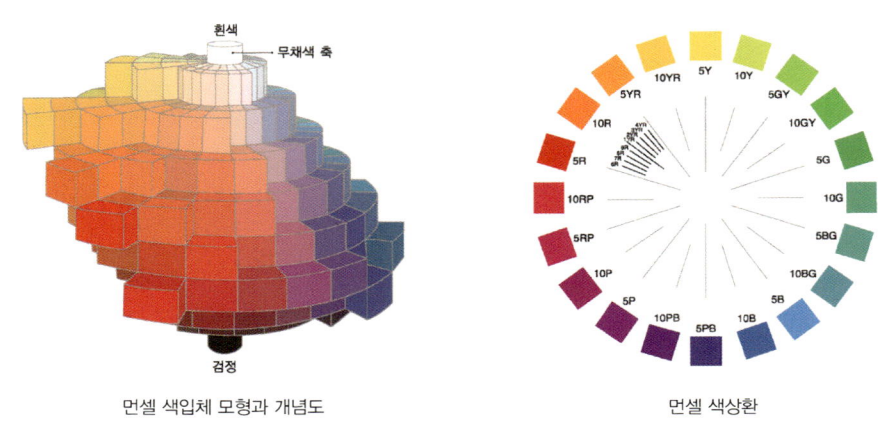

먼셀 색입체 모형과 개념도            먼셀 색상환

② 먼셀의 명도단계

먼셀의 명도단계는 순수한 검은색을 0, 순수한 하양을 10으로 보고 그 사이를 9단계로 구분하여 11단계로 이루어져 있다. 그러나 0과 10은 이상적으로 완전한 검은색과 하양이므로 현실적으로는 얻을 수가 없기 때문에 표시하지 않는다.

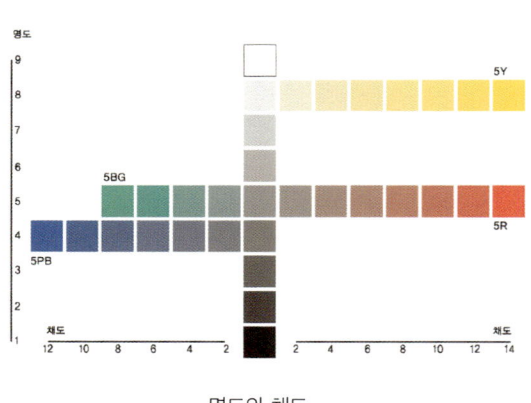

명도와 채도

명도는 번호가 클수록 높고, 작을수록 명도가 낮다. 명도단위에는 Neutral의 N자를 붙여 N1, N2, …… N9.5로 표시한다. 즉, N3의 회색보다 N7의 회색이 더 밝은 회색이다.

③ 먼셀의 채도단계

먼셀의 채도단계는 중심의 무채색 축을 중심으로 회색계열을 시작점으로 놓고 0 이라 표기하여 수평방향으로 차례로 번호가 커지게 된다. 번호가 증가하면 채도가 높아지게 되지만 가장 채도가 높은 색의 번호는 색상에 따라 다르다. 표기는 2/4/6 …… 12/14의 두 단계씩 표기하게 되어 있는데 저채도 부분은 많이 사용되기 때문에 1과 3을 추가하여 사용한다.

때문에 채도를 표기할 때는 1/2/3/4/6/8/10/12/14 등으로 사용한다.

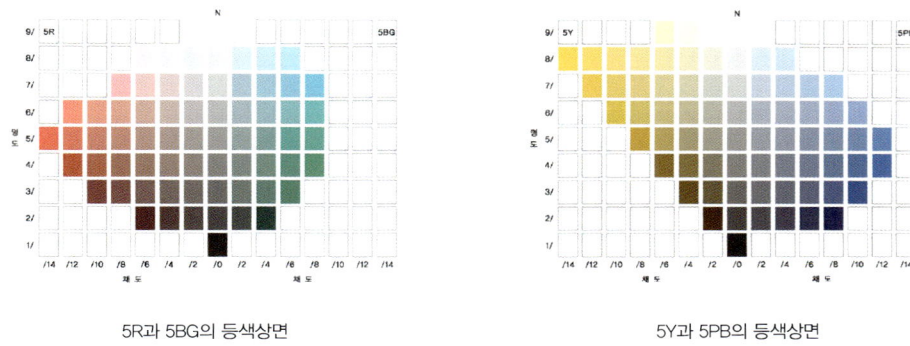

5R과 5BG의 등색상면                    5Y과 5PB의 등색상면

④ 먼셀의 색 표기법

먼셀의 표색기호는 색상의 번호와 기호를 제일 먼저 쓰고, 그 뒤에 명도/채도의 순서로 표기한다.

HUE          VALUE        /        CHROMA
색상(H)        명도(V)                  채도(C)


예) 5R   5   /   14        ① 5R-기본이 되는 빨간색
                          ② 중명도
    ①    ②       ③        ③ 고채도

## 2) 오스트발트 색체계

독일의 물리화학자 오스트발트(Wilhelm Ostwald, 1853~1932)에 의해 1919년에 발표되었다. 오스트발트의 표색체계는 모든 빛을 완전하게 흡수하는 이상적인 검정(B), 모든 빛을 완전하게 반사하는 이상적인 하양(W), 그리고 특정 파장 영역의 빛만을 완전하게 반사하고 나머지 파장 영역을 완전하게 흡수하는 이상적인 순색(C), 이들 3색 혼합의 물체색을 체계화한 것이다.

오스트발트의 색 입체는 정삼각 구도의 사선배치로 이루어져 전체적으로 쌍원추체의 형태로 구성되어 있다. 색 삼각형의 세 꼭짓점 중 아래쪽에는 검정, 위쪽에는 하양, 수평방향의 끝에는 순색이 위치하며 각 변이 8등분으로 나뉘어져 교차되는 면에 각 색이 위치하게 된다. 축이 되는 무채색계열을 제외하면 각 색상과 관련된 색은 삼각형 내에서 모두 28단계의 변화가 있게 된다.

오스트발트의 색 입체는 보색을 중심으로 배치하였기 때문에 색상이 등간격으로 분포되지는 않는다. 즉, 각 색상의 하양 양과 검은색 양이 같은 위치에 있을 때 채도는 같으나 명도에는 차이가 있는 것이다.

### ① 오스트발트의 색상환

오스트발트의 색상환은 헤링(E. Hering)의 반대색설(4원색설)의 보색대에 따라 4원색 노랑, 빨강, 파랑, 초록을 기본으로 하여 그 사이 색인 주황, 보라, 청록, 연두의 네 가지 색을 합하여 8색의 기본색으로 구성된다. 이 기본색을 다시 3단계씩 나누어 우측 회전 순으로 번호를 붙이면 24색상이 된다. 이렇게 24색상이 오스트발트의 색상환을 이룬다.

오스트발트의 색체계에서는 명도와 채도를 따로 분리하여 표시하지 않는다. 모든 색은 '순색(C) + 하양(W) + 검정(B) = 100%'라는 그의 이론에 따라 하양의 함량과 검정의 함량을 기호로 표시하여 나타낸다.

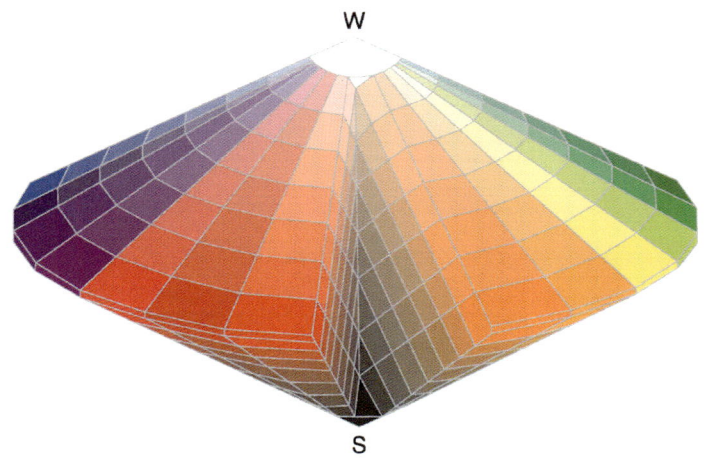

오스트발트 색체계의 색입체 모형과 개념도

② 오스트발트의 기호 표기법

오스트발트의 표색기호는 색상을 먼저 기입하고 다음에 하양의 함량을 나타내는 기호, 검은색의 함량을 나타내는 기호의 순으로 기입한다.

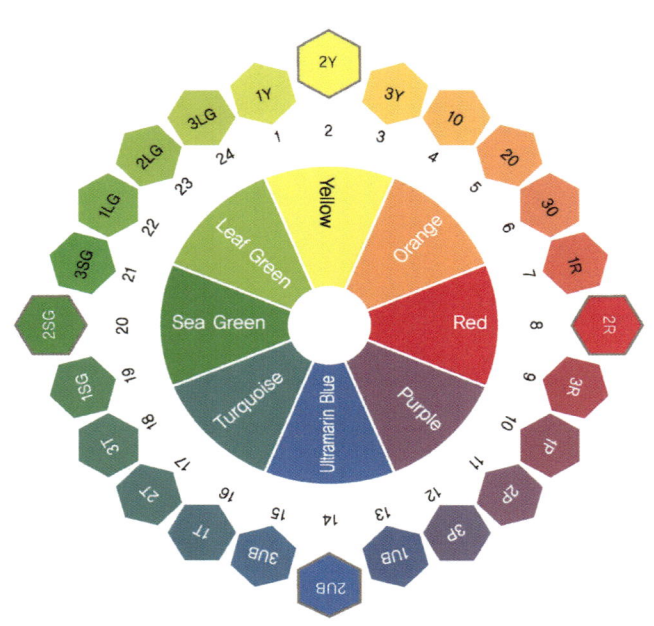

오스트발트 색상환의 색상분할과 그 기호

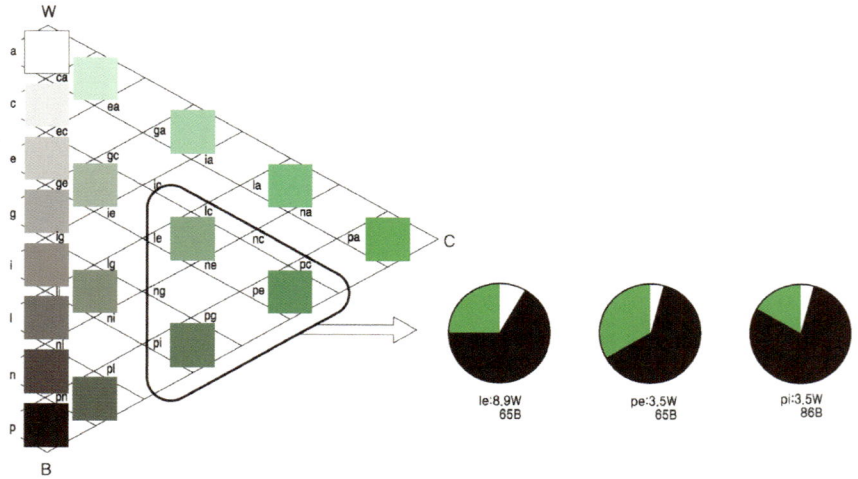

오스트발트 등색상면과 색기초

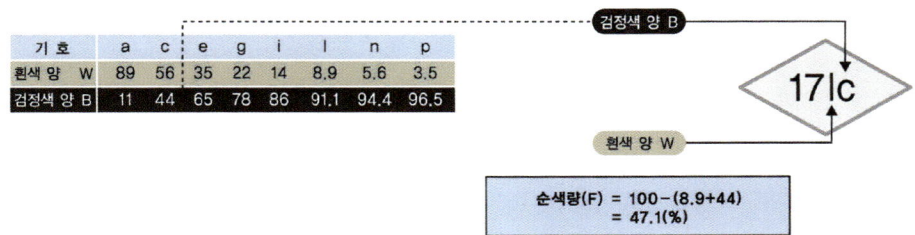

색상기호    하양량(W)    검정량(B)

예)  2  g  a
    ①  ②  ③

① 색상기호가 2인 노란계열의 색상
② 하양량 22%
③ 검정량 11%
④ 순색량 67%(100-22=67)

*하양량(W) + 검정량(B) + 순색량(C) = 100%

| 기호 | a | c | e | g | i | l | n | p |
|------|-----|-----|-----|-----|-----|-----|-----|-----|
| 흰색 양 W | 89 | 56 | 35 | 22 | 14 | 8.9 | 5.6 | 3.5 |
| 검정색 양 B | 11 | 44 | 65 | 78 | 86 | 91.1 | 94.4 | 96.5 |

검정색 양 B

17 l c

흰색 양 W

순색량(F) = 100 - (8.9+44)
         = 47.1(%)

| 기호 | 흰색 함유량 | 검정색 함유량 |
|------|------------|--------------|
| a | 89 | 11 |
| c | 56 | 44 |
| e | 35 | 65 |
| g | 22 | 78 |
| i | 14 | 86 |
| l | 8.9 | 91.1 |
| n | 5.6 | 94.4 |
| p | 3.5 | 96.5 |

오스트발트 색체계 기호의 흑백 함유량

　오스트발트 표색계는 두 색조의 색을 선택하고 싶을 때 편하게 계열을 찾아낼 수 있다. 반면 조화의 기호가 알파벳이라 기억하기가 어렵고 같은 기호색이라도 명도가 다르기 때문에 오스트발트 색표집 없이는 이용하기가 어렵다. 그리고 배색관계를 명도로 구할 수 없다는 단점이 있다.

### 3) NCS 색체계

NCS(Natural Color System)는 1972년 스웨덴 표준 연구소(Swedish Standard Institute)에서 '스웨덴의 표준색 도감'으로 발표된 색채계이다. 1905년에 독일의 생리학자 헤링(Hering)에 의한 반대색설(4원색설)을 기초로 창안된 'Natural Color System'을 색채계로 체계화한 것이다. 현재 사용되고 있는 것은 1996년에 발표된 수정판이며 스웨덴, 노르웨이, 스페인의 국가 표준색 지정에 도입되었고 영국 런던의 지하철 노선에 적용되는 등 유럽을 비롯한 전 세계에서 사용되고 있다.

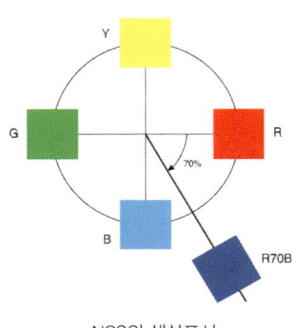

NCS의 색상표시

### ① NCS의 원리

NCS 색체계는 노랑(Y), 빨강(R), 파랑(B), 초록(G), 하양(W), 검정(S)을 기본색으로 사용한다. 모든 색은 노랑, 파랑, 빨강, 초록, 하양, 검정의 6가지 색감각의 합성에 의해 만들어지며 이들의 구성 비율에 따라 색을 표기한다.

또한 NCS는 크게 뉘앙스와 색상으로 색을 표기하며 색상은 심리적인 비율 척도를 사용해 색 지각량으로 표기한다.

### ② NCS 색상환

NCS 색상환은 노랑, 빨강, 파랑, 초록의 기본색상을 기준으로 각 색상 사이를 10단계로 나누어 40색을 기본색으로 한다. NCS의 색 삼각형은 색 공간을 수직으로 자른 등색상면이다. 색 삼각형 내에서 중심축에는 검정(S)에서부터 하양(W)의 양을 10단계로 나타내고, 가로축은 순색(C)의 양을 10단계로 나타낸다.

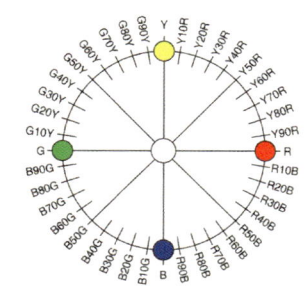

NCS의 색상환

모든 색상은 노랑-빨강, 빨강-파랑, 파랑-초록, 초록-노랑의 합이 각 100이므로 2색의 비로 표현된다. 예를 들어 S4020-Y60R로 표기된 색은 노랑(Y)과 빨강(R) 사이에 존재하는 색으로 노랑이 40%, 빨강이 60%로 구성된 색이다. 즉, 노랑에 빨강이 60% 섞인 색이다. NCS의 표기법에서 S자로 시작하는 S2030-Y90R에서 S의 의미는 NCS 색 견본 두 번째 판(second edition)을 뜻한다.

③ NCS 뉘앙스

색에 하양도(W), 검은색도(S), 순색도(C. 유채색도)가 포함되어 있는 비율을 말한다. 하양과 검정, 순색의 지각적인 혼합 비율의 합을 100으로 산출한다.

$$W + S + C = 100$$

이 세 가지 속성의 합은 항상 100이므로 관례상 채도와 검은색도만 기록한다. 즉, 하양량은 W=100-S-C에 의해 산출된다.

④ NCS의 기호 표기법

앞쪽에 색 삼각형의 위치를 나타내는 숫자는 먼저 검은색 양을 적고 나중에 순색의 양을 적은 후 그다음에는 색상에서의 위치를 나타내는 기호를 적고, 그 뒤에 색 삼각형 내에서의 위치를 나타내는 숫자를 적는다.

예)  20  30  -  Y90R

　　 ①  ②  　 ③

① 검정량 20%
② 순색량 30%
③ Y와 R의 혼합비율로 빨강을 90% 포함한 노란색
④ 하양량 50%(100-20-30=50)
* 하양량(W) + 검정량(B) + 순색량(C) = 100%

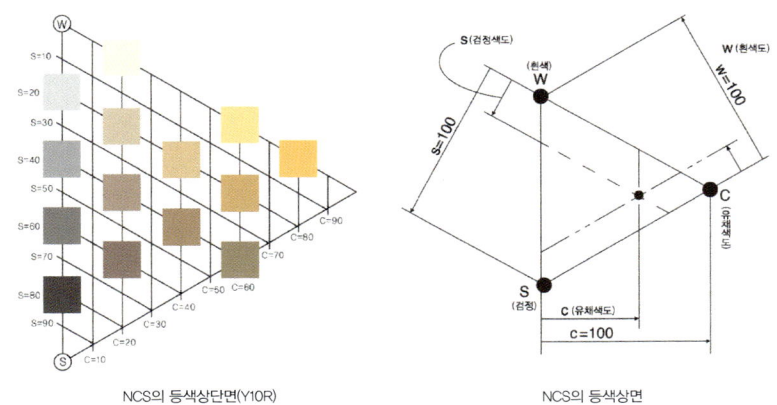

NCS의 등색상단면(Y10R)　　　　　NCS의 등색상면

4) 기타 표준 색체계

① CIE 색표계

CIE 색표계는 혼색계의 색체계에서 표준으로 사용하고 있는 색체계로서 1931년에 국제조명위원회인 CIE에서 광원과 관찰자의 정보를 표준화시키고 관찰자가 표준광원에서 관찰하는 색을 수치화시켜서 정립화한 색표계이다.

② PCCS(Practical Color Co-ordinate System)

PCCS는 일본 색채연구소가 1965년에 발표한 색채조화교육용(배색) 체계로 톤(Tone)의 개념을 도입한 표색계로서, 명도와 채도를 톤의 개념으로 정리해 색상과 톤이라는 두 계열로 색채를 체계화한 것이다. PCCS 색체계는 일반 및 미술교육의 교육용 표준체계로서 만들어진 배색체계이다.

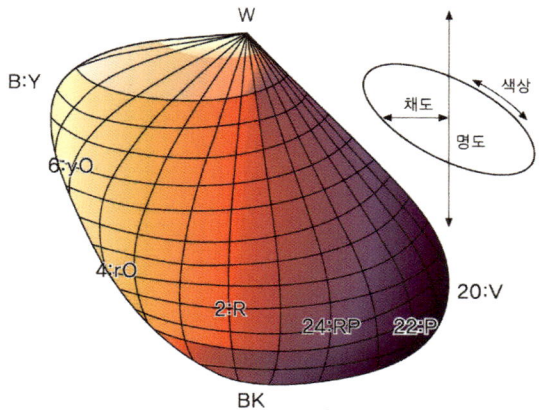

PCSS 색입체 모형과 개념도

③ DIN 색체계

DIN 색체계는 독일의 표준기관인 DIN에서 새롭게 도입한 체계로서 오스트발트 색체계보다 좀 더 현실적이고 실제적인 표색계이다.


## 3. 색명(色名) 체계

색의 이름[색명(色名)]은 색을 표시하고 전달하는 방법 중 가장 일반적이다. 색에 대한 감정을 잘 나타내고 기억하거나 상상하기 쉬워 효과적으로 전달할 수 있는 장점이 있다.

색의 이름은 기본적인 색명에서부터 국가, 인종, 지역, 현상, 상징 등에 따라 붙여지기도 하며 형용사적으로 표현되기도 한다. 색명은 그 구조와 기원에 따라 기본색명과 관용색명, 일반색명으로 나눌 수 있다.


1) 기본색명

기본색명은 우리가 그동안 교육받아 왔던 색명으로 한국산업표준(KS)에서 규정하여 국내에서 사용하고 있는 색명으로 특별한 사물을 지칭하거나 이미지를 연상시키지는 않는다. 한국산업표준(KS) A0011에서는 기본색명을 먼셀 표색계의 색상환을 기준으로 유채색인 빨강, 주황, 노랑, 연두, 녹색, 청록, 파랑, 남색, 보라, 자주의 10색과 무채색인 하양, 회색, 검은색의 3색으로 규정하여 사용하고 있었으나 2003년 이후 유채색 녹색을 초록으로 변경하고 분홍, 갈색을 추가하여 유채색을 12색으로 변경해 발표하였다.

하나의 색명을 표기할 때는 한글, 영문, 한자, 약호 등으로 분류하여 표기한다. 예를 들어 빨강은 '빨강, Red, 赤, R' 등으로 표기하도록 규정되어 있다.


2) 관용색명

관용색명은 특정한 느낌을 나타내고 있으며 일상적으로 자주 사용되고 많은 사람이 공통적으로 이미지를 연상할 수 있는 색명이다. 관용색명은 옛날부터 전해오는 습관적인 색 이름이나 지명, 동 · 식물 등 여러 가지 유래 경로가 있다.

관용색명은 고유한 사물이나 현상 등의 연상으로 각 색을 이해하는 데는 편리하지만 정확히 구별하기는 어려워 세밀한 구별이 요구되는 작업에는 일반색명과 같이 표색계에 의한 색명을 사용하고 있다.

① 식물의 이름에서 유래된 색명

밤색(Chestnut Brown), 복숭아색(Peach), 올리브색(Olive), 이끼색(Moss Green), 살구색(Apricot), 라일락색(Lilac), 쑥색(Mugwort, Worm wood), 오렌지색(Orange) 등이 있다.

② 동물의 이름에서 유래된 색명

연어살의 핑크빛(Salmon Pink), 카나리아 날개 색(Canary Yellow), 공작 날개 색(Peacock Blue), 오징어 먹물 색(Sepia), 병아리색, 쥐색, 베이지색(Beige, 양털색) 등이 있다.

③ 광물이나 원료에서 유래된 색명

에머랄드 그린(Emerald Green), 터키 블루(Turquoise Blue), 고동색(古銅色), 크롬 옐로우(Chrome Yellow, 노란색 띤 주황) 오색, 금색, 은색 등이 있다.

④ 인명이나 지명에서 유래된 색명

네덜란드 화가 반다이크가 처음 사용하였다는 반다이크 브라운(Vandyke Brown), 쿠바의 수도 하바나의 담배색 하바나 브라운(Havana Brown), 프랑스 남부도시 보르도 지방의 포도주색 보르도색(Bordeaux), 프러시안 블루(Prussian Blue) 등이 있다.

⑤ 음식의 이름에서 유래된 색

커피색, 계란색, 우유색, 초콜릿색 등이 있다.

⑥ 기타

하늘색, 바다색, 영국군 군복색에서 유래된 카키색, 국방색, 무지개색 등이 있다.

3) 일반색명

계통색명(Systematic Color Names)이라고도 하는 일반색명은 주로 공업 분야에서 색을 좀 더 정확히 구분해서 전달해야 할 경우에 사용되는데, 색 이름 앞에 톤이나 색상에 관한 수식어가 붙어서 색에 대한 이미지 연상까지 전달할 수 있는 장점이 있다. 일반색명은 기본색명보다 정확하지는 않지만 관용색명의 단점을 보완할 수 있고 감성적인 전달이 쉬운 장점이 있다.

현재 우리나라는 한국산업표준(KS)의 일반색명과 ISCC-NBS의 계통색명을 사용하고 있다.

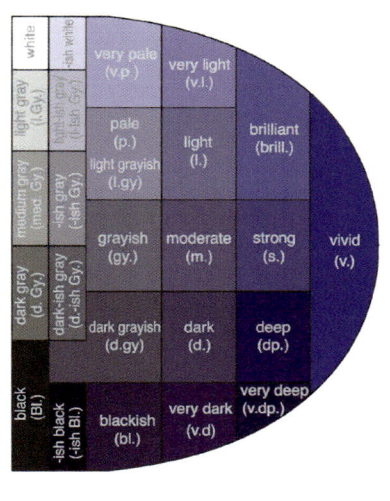

ISCC-NBS 색상수식어 배열

| 구분 | 기본색 이름 | 대응영어(참고) | 약호(참고) |
|---|---|---|---|
| 유채색 | 빨강 | Red | R |
| | 주황 | Orange | O |
| | 노랑 | Yellow | Y |
| | 연두 | Yellow Green | YG |
| | 초록 | Green | G |
| | 청록 | Blue Green | BG |
| | 파랑 | Blue | B |
| | 남색 | Bluish Violet | bV |
| | 보라 | Purple | P |
| | 자주 | Reddish Purple | rP |
| | 분홍 | Pink | Pk |
| | 갈색 | Brown | Br |
| 무채색 | 하양 | White | Wh |
| | 회색 | (neutral) Grey(영), (neutral) Gray(미) | Gy |
| | 검정 | Black | Bk |

한국산업표준의 일반색명(KS 기본색명)

## 4. 한국의 전통색

우리 민족은 예로부터 음양오행(陰陽伍行)의 영향을 받아 적(赤), 청(靑), 황(黃), 백(白), 흑(黑) 등으로 이루어진 오방색(伍方色)을 주로 사용해 왔다. 오방색은 사찰, 고궁, 유물 등에 채색되어 지금까지 전통의상, 조각보 등에 남아 있는 색으로 이러한 전통은 우리의 색채의식에도 많은 영향을 끼쳐 한국적인 색으로 그 뿌리를 내리고 있다.

음양오행설은 동양철학사상으로 우주나 인간의 모든 현상을 음과 양의 두 원리로 설명하는 음양설과 만물의 생성과 소멸을 목(木), 화(火), 토(土), 금(金), 수(水)의 변화로 설명하는 오행설을 합해서 이르는 말이다. 한국의 전통색은 음양오행의 원리에 의하여 '오방정색'과 '오방간색', '잡색' 등으로 구분된다.

## 1) 오방정색

음양오행의 원리에 의한 다섯 방향을 표시하는 기본색을 뜻한다. 적(赤)은 남(南), 청(靑)은 동(東), 황(黃)은 중앙(中央), 백(白)은 서(西), 흑(黑)은 북(北)을 가리키는 것이다.

한국의 대표적 전통 건물인 사찰이나 궁궐의 단청은 오방색의 원리를 잘 활용한 예라고 할 수 있으며 색동옷의 색동도 오방색을 중심으로 배열하여 만든 것이다.

| 색상 | 오행 | 계절 | 사신 | 오륜(행) | 신체 | 맛 | 방위 |
|------|------|------|------|---------|------|-----|------|
| 청(靑) | 목(木) | 춘(春) | 청룡(靑龍) | 인(仁) | 간장 | 신맛 | 동(東) |
| 백(白) | 금(金) | 추(秋) | 백호(白虎) | 의(義) | 폐 | 매운맛 | 서(西) |
| 황(黃) | 토(土) | · | · | 신(信) | 위장 | 단맛 | 중앙(中央) |
| 적(赤) | 화(火) | 하(夏) | 주작(朱雀) | 예(禮) | 심장 | 쓴맛 | 남(南) |
| 흑(黑) | 수(水) | 동(冬) | 현무(玄武) | 지(智) | 신장 | 짠맛 | 북(北) |

오방정색의 상징

## 2) 오방간색

오방간색은 오방정색의 중간 사이 색으로서 녹(綠), 벽(碧), 홍(紅), 자(紫), 유황(硫黃)을 말한다. 모든 간색은 음의 색으로 보았으며 정색과 강색의 10가지 기본색을 잘 조화하도록 사용하는 것이 우주만물의 질서를 유지하는 것이라 생각하였다.

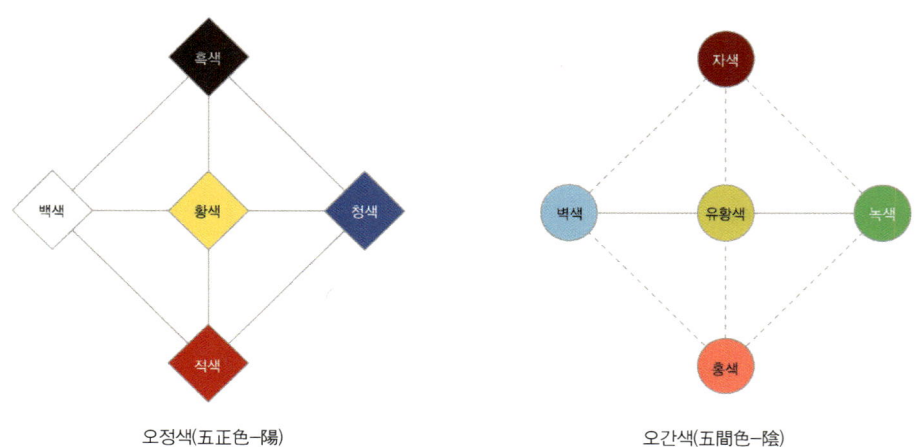

오정색(五正色-陽)　　　　　　오간색(五間色-陰)

### 3) 잡색

오방정색과 오방간색을 다시 70색으로 세분화했을 때 나타나는 색을 잡색이라고 한다. 담황색, 설백색 등을 말하며 자연현상이나 사물에서 연상되는 이름을 사용하거나 관용색명으로 사용하였으며 한자로 풀이하여 표시하였다.


## 5. 배색론(配色論)

색채 표현에 있어서 2색 이상의 색을 조화롭게 배치하는 것을 배색이라고 한다. 서로 잘 어울릴 수 있게 배색하여야만 다양한 표현이 가능하며 미적 전달기능을 효율적으로 수행할 수 있다. 이런 미적이고 효율적인 작업을 색채조화라고 한다.


### 1) 색의 배색

배색이란 2가지 이상의 색을 균형 있게 조합해서 하나의 색으로는 표현하기 어려운 색의 효과를 나타내는 것으로서 조화로운 배색에는 일정한 법칙이 있다. 배색할 때 주의할 점은 배색의 목적과 주위 환경, 면적 비례, 색의 배치나 색상, 명도, 채도의 변화를 고려하여야 하며 이미지, 색상, 색조의 배열방법에 따라 각기 매우 다른 배색효과를 낼 수 있다.

그리고 색을 배색할 때는 색상의 수를 되도록 많이 쓰지 않도록 주의해야 하고 색의 감정효과(온도감, 중량감, 운동감, 경연감 등)를 충분히 고려하여야 한다.


### 2) 배색의 구성요소

#### ① 기조색(Base Color)

배색의 대상이 되는 부위에서 가장 넓은 면적을 차지하는 색이다. 주로 바탕색이나 배경색인 경우가 많고 가장 억제된 색을 사용한다.


#### ② 주조색(Dominant Color)

배색에 사용되는 색 중 가장 많은 양의 색으로 전체 이미지에 영향을 미치며 통일감 있는 인상을 준다. 전체 배색의 색 중 약 50~70%를 차지한다.

③ 보조색(Assort Color)

주조색에 이어 면적비가 크고 많이 사용되는 색으로 주조색을 보조하는 역할을 한다. 이 경우 동일, 유사, 반대, 보색 등의 관계가 성립된다. 전체 색 중 약 20~40%를 차지한다.

④ 강조색(Accent Color)

사용되는 색 중 가장 적은 양을 차지하지만 가장 눈에 띄는 색으로 전체 배색에 긴장감을 주거나 시선을 집중시키는 효과가 있다. 사용되는 색 중 약 5~10% 정도를 차지한다.

3) 색상 배색의 종류

색상 배색에서는 먼저 기준색상을 정한 후 각 배색 이론에 따라 각각 조합해 나간다.

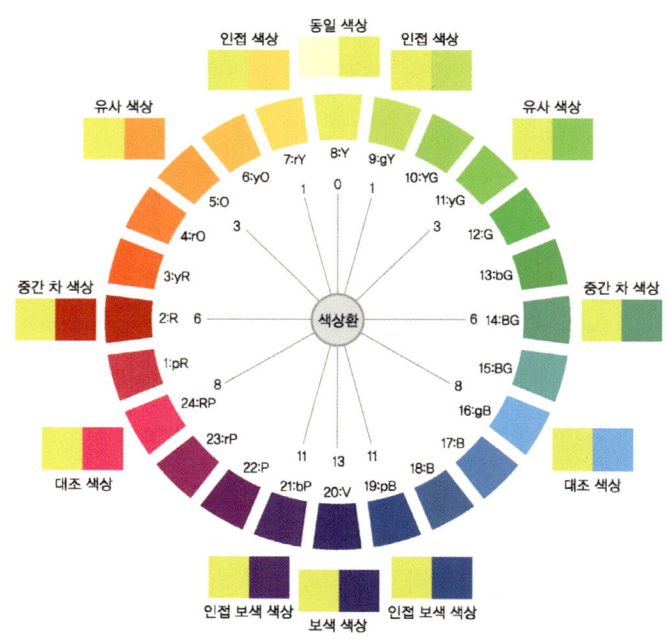

색상을 기준으로 한 배색

① 동일색상의 배색

색상환에서 색상 차가 적은 배색이며 동일색상 중에서 명도와 채도가 다른 색상끼리의 배색이다. 동일색상의 배색은 가장 무난한 배색이며 부드럽고 차분하며 온화한 느낌을 준다. 이 배색은 같은 색을 이용한 배색으로 톤 차를 두어 배색하는 방법이다.

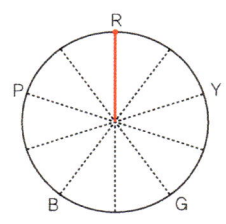

② 유사색상의 배색

색상환에서 색상 차가 중간인 배색이다. 유사색상의 배색은 기준 색과 양 옆 색상의 배색이다. 유사색상의 배색은 명도 · 채도에 변화를 주어 배색하면 부드러운 하모니의 배색 효과를 얻을 수 있다.

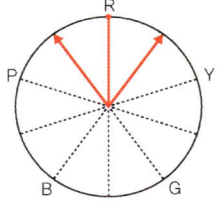

③ 반대(보색)색상의 배색

색상환에서 색상 차가 가장 큰 배색이다. 색상의 배색 중에서 가장 강한 배색 효과를 내며 화려하고 강한 느낌을 준다. 이 배색은 색상환에서 기준색상과 먼 거리에 있는 색 또는 마주보고 있는 색들과의 조합으로 이루어진다.

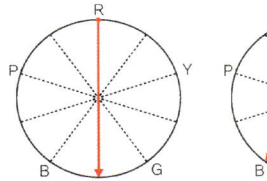 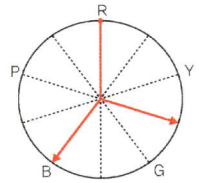

4) 명도의 배색

색의 밝고 어두움의 차이를 활용한 배색이다.

① 명도 차가 큰 배색

명도 차가 큰 고명도와 저명도의 배색은 눈에 잘 띄기 때문에 명확한 느낌을 줄 수 있으며 화려한 느낌을 표현할 수 있다.

② 명도 차가 작은 배색

명도 차가 작은 고명도와 고명도의 배색은
밝고 경쾌한 느낌을 주고 중명도와 중명도의
배색은 변화가 적어서 다소 단조로운 느낌을
줄 수 있다. 저명도와 저명도의 배색은 무겁
고 어두운 느낌을 준다.

5) 채도의 배색

색의 순수한 정도의 차이를 활용한 배색이다.

① 채도 차가 큰 배색

채도 차가 큰 고채도와 저채도는 색 면적의
크기에 따라 차이가 많이 난다. 대체적으로
화려하지만 안정된 느낌을 준다.

② 채도 차가 작은 배색

채도 차가 작은 고채도와 고채도의 배색은
강한 느낌을 주므로 화려하고 자극적인 느낌
을 준다. 중채도와 중채도는 안정감을 주며
저채도와 저채도의 배색은 약하고 둔탁한 느
낌을 준다.

6) 색조의 배색

색의 명도와 채도의 변화로 일어나는 색조(Tone)의 배색은 색의 조화를 잘 표현할
수 있고 표현하고자 하는 이미지를 쉽게 반영할 수 있다. 색조의 종류에는 Vivid(선
명한)를 기준으로 기본적으로 Deep(진한), Dark(어두운), Dull(탁한), Soft(흐린), Light(밝은), Pale(
연한), Whitish(흰), Light grayish(밝은 회), Grayish(회), Dark Grayish(어두운 회), Blackish(검은)로
구분된다.

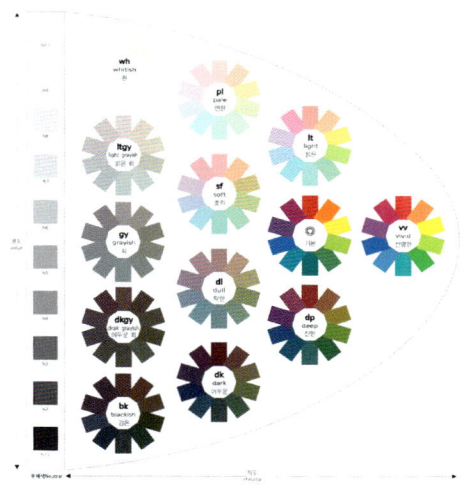

KS 표준색 C&D155 Tone

① 밝은 색조의 배색

고명도, 고채도의 맑은 색 그룹의 배색으로 자유롭고 생기 있는 분위기, 리듬감 있는 배색을 할 수 있다.

② 흐린 색조의 배색

고명도, 저채도로 하양에 가까운 흐린 색 그룹으로 온화하고 부드러운 인상의 배색을 할 수 있다.

③ 선명한 색조의 배색

채도가 높은 색 그룹으로 움직임이 있는 대담한 배색이 가능하다.

단, 반대색상을 조합시킬 때 대비가 너무 강해지지 않도록 색의 면적이나 디자인에 세심한 주의가 필요하다.

## Ⅲ. KS 색채 표준

한국산업표준(KS: Korean Industrial Standards)으로 지정되어 있는 한국표준색체계는 먼셀의 색체계를 기준으로 규격화되었다.

3장에서는 규격화된 KS 표준 색체계를 바탕으로 색상, 명도, 채도단계의 올바른 표기법과 색명과 수식어에 대해 정리해 보기로 한다.

### 1. 물체색의 색 이름

KS 표준은 2005년 개정하여 현재까지 한국산업표준으로 지정되어 있는 규격이다. 이 규격은 물체색 이름 중 특히 표면색의 색 이름을 규정하고 투과색의 색 이름도 여기에서 규정하는 색 이름을 준용할 수 있도록 범위를 짓고 있다.

또한 색을 기본색 이름이나 조합색 이름에 수식형용사를 붙인 계통색 이름과 관용적인 호칭 방법으로 표현하는 관용색 이름으로 구분한다(한국색채학회, 2012).

한국산업표준에서는 서로 상호관계를 가진 먼셀의 10색상에 분홍과 갈색을 포함하여 유채색을 총 12가지로 표기하고 무채색명은 하양, 회색, 검정으로 정하여 기본색 이름을 총 15가지로 규정하고 있다.

| 구분 | 기본색 이름 | 대응영어 | 약호 |
|---|---|---|---|
| 유채색 | 빨강 | Red | R |
| | 주황 | Orange | O |
| | 노랑 | Yellow | Y |
| | 연두 | Yellow Green | YG |
| | 초록 | Green | G |
| | 청록 | Blue Green | BG |
| | 파랑 | Blue | B |
| | 남색 | Bluish Violet | bV |
| | 보라 | Purple | P |
| | 자주 | Reddish Purple | rP |
| | 분홍 | Pink | Pk |
| | 갈색 | Brown | Br |
| 무채색 | 하양 | White | Wh |
| | 회색 | (neutral) Grey(영), (neutral) Gray(미) | Gy |
| | 검정 | Black | Bk |

(한국색채학회, 2012)

KS 기본색명

색명을 표기할 때 유채색 이름 뒤에 '색' 자를 붙여 사용할 수 있는데 빨강, 노랑, 파랑의 경우는 '빨간색, 노란색, 파란색'으로 사용해야 한다.

혼합된 색의 이름, 즉 조합색 이름은 2개의 기본색 이름으로 완성된다. 2개의 기본 색 이름 중 앞에 붙는 색 이름을 '색 이름 수식형', 뒤에 붙는 색 이름을 '기준색 이름'이라고 부른다.

색 이름 수식형은 세 가지 유형이 있는데 위의 〈KS 기본색명〉에 제시된 기본색 이름과 기본색 이름 수식형으로 '빨간, 노란, 파란, 흰, 검은' 등으로 표기되며 마지막으로 수식형 없이 2음절 색 이름에 '빛'을 붙여 사용하게 된다.

| 기본색 이름 | 대응영어 | 약호 |
|---|---|---|
| 빨간(적) | Reddish | r |

| 노란(황) | Yellowish | y |
| 초록빛(녹) | Greenish | g |
| 파란(청) | Bluish | b |
| 보랏빛 | Purplish | p |
| 자줏빛(자) | Red-Purplish | rp |
| 분홍빛 | Pinkish | pk |
| 흰 | Whitish | wh |
| 회 | Grayish | gy |
| 검은(흑) | Blackish | bk |

(한국색채학회, 2012)

색 이름 수식형

| 색 이름 수식형 | 기준색 이름 |
| --- | --- |
| 빨간(적) | 자주(자), 주황, 갈색(갈), 회색(회), 검정(흑) |
| 노란(황) | 분홍, 주황, 연두, 갈색(갈), 하양, 회색(회) |
| 초록빛(녹) | 연두, 갈색(갈), 하양, 회색(회), 검정(흑) |
| 파란(청) | 하양, 회색(회), 검정(흑) |
| 보랏빛 | 하양, 회색, 검정 |
| 자줏빛(자) | 분홍 |
| 분홍빛 | 하양, 회색 |
| 갈 | 회색(회), 검정(흑) |
| 흰 | 노랑, 연두, 초록, 청록, 파랑, 보라, 분홍 |
| 회 | 빨강(적), 노랑(황), 연두, 초록(녹), 청록, 파랑(청), 남색, 보라, 자주(자), 분홍, 갈색(갈) |
| 검은(흑) | 빨강(적), 초록(녹), 청록, 파랑(청), 남색, 보라, 자주(자), 갈색(갈) |

(한국색채학회, 2012)

색 이름 수식형별 기준색 이름

조합색 이름은 위의 〈색 이름 수식형별 기준색 이름〉과 같은 규칙으로 만들 수 있으며 이들을 조합하면 약 60여 개의 조합색 이름을 표현할 수 있다. 또한 톤(tone)을 나타내는 기본색조의 이름과 수식형용사는 색채를 좀 더 세분화하여 표현할 수 있다. 아래의 〈수식형용사〉는 기본색조를 포함하여 유채색에만 적용시키는 8가지 톤과 유채색과 무채색에 모두 사용하는 5가지 톤을 모두 합하여 총 13가지 영역으로 색채를 세분화하여 설명할 수 있다.

| | 기본색 이름 | 대응영어 | 약호 |
|---|---|---|---|
| 유채색 | 선명한 | vivid | vv |
| | 흐린 | soft | sf |
| | 탁한 | dull | dl |
| | 밝은 | light | lt |
| | 어두운 | dark | dk |
| | 진(한) | deep | dp |
| | 연(한) | pale | pl |
| 무채색 | 밝은 | light | lt |
| | 어두운 | dark | dk |

비고 1. 필요시 2개의 수식형용사를 결합하거나 부사 '아주'를 수식형용사 앞에 붙여 사용할 수 있다.
　　　보기: 연하고 흐린, 밝고 연한, 아주 연한, 아주 밝은

　　2. ( ) 속의 '한'은 생략될 수 있다.
　　　보기: 진빨강, 진노랑, 진초록, 진파랑, 진분홍, 연분홍, 연보라

(한국색채학회, 2012)

수식형용사

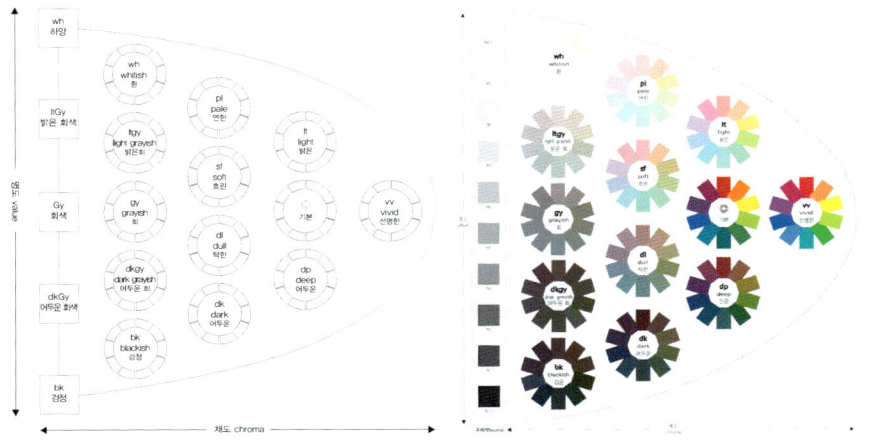

무채색의 명도, 유채색의 명도와 채도의 상호관계　　　　　KS 표준색 C&D155 Tone

## 2. 색의 3속성에 의한 표시방법

이 표준은 지식경제부 기술표준원에서 2003년 개정하여 사용되고 있으며 한국 산업표준(KS)으로 지정되어 있다. 표면색 색감각 3속성인 색상, 명도, 채도의 변화에 따라 표시하는 방법에 대한 규정으로 형광을 발하는 물체의 색은 제외된다(한국색채학회, 2012).

KS 색체계는 먼셀 색체계를 기준으로 아래 〈먼셀 색입체〉과 같이 색상, 명도, 채도의 변화에 기초한 색입체를 구성한다. 색입체의 수직단면은 아래의 〈색입체 수직단면〉과 같이 보색관계에 있는 두 색상에 대하여 명도와 채도변화를 한눈에 알아볼 수 있으며 색입체의 수평단면도는 동일한 명도단계에서의 색상별 채도변화를 한눈에 알아볼 수 있다.

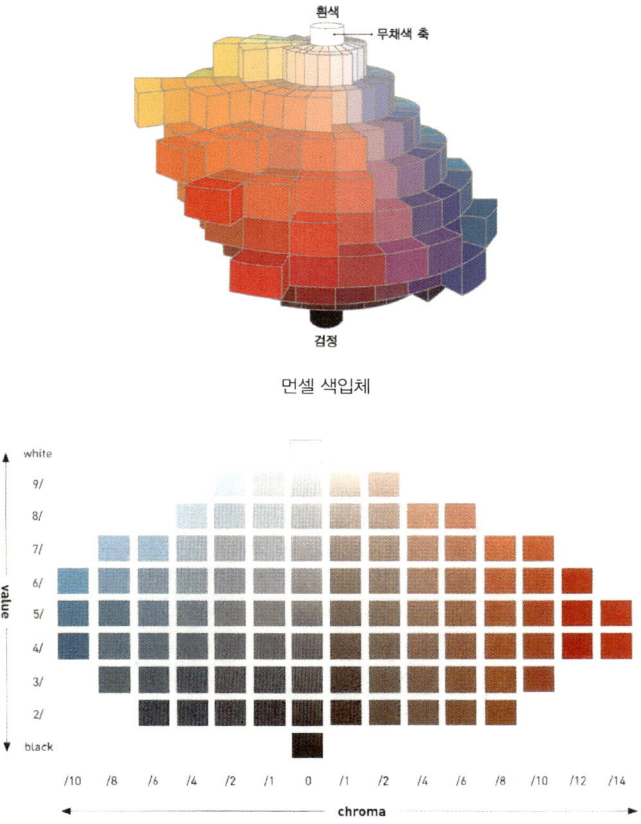

먼셀 색입체

색입체 수직단면(등색상면)

KS 색체계의 색상 표시방법은 먼셀 색체계의 기호법과 동일하게 사용한다. 색상은 등간격으로 나누어 먼셀과 같은 기호 및 숫자로 표시하고 명도는 무채색을 기준으로 가장 이상적인 검정을 0, 가장 순수한 하양을 10으로 하여 그 사이를 등간격으로 구분해 먼셀 색체계와 같이 11단계로 구성하고 있다. 단, 색상 Y에 해당하는 명도값으로 8.5는 추가로 표시할 수 있다.

채도는 색상 및 명도단계가 일정한 색배열에서 채도의 변화가 등간격이 되도록 분할하고 무채색을 0으로 하여 채도의 증가에 따라 2단계씩 증가하여 순수한 채도의 값이 14가 되도록 나타낸다.

따라서 유채색의 표시방법은 먼셀 색체계의 표시방법과 동일하게 H V/C로 기재하고 5R 4/10일 경우 5R, 4의 10으로 읽게 된다. 이런 경우 5R은 10색상의 기준이 되는 빨강을 의미하고 명도단계가 4, 채도단계가 10인 유채색을 의미하게 된다. 무채색의 경우는 명도 V 앞에 무채색 기호 N을 붙여 기재하는 것이 특징이다.

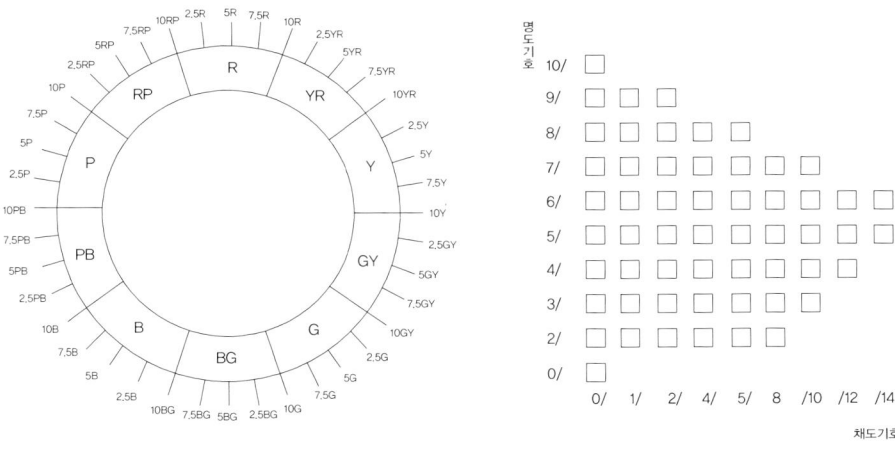

색상환의 분할　　　　　　　등색상면에서의 명도 및 채도의 배열

# Ⅳ. 색채 심리와 마케팅

## 1. 색채의 정서적 반응

대부분의 사람들은 빨간색 장미 꽃다발을 보면 정열적인 사랑을 연상하게 되며 수도꼭지의 빨간색은 뜨거운 물을 의미한다는 것을 알고 있다. 이처럼 모든 색은 그 색 자체에서 감정적인 반응을 불러일으키는 정서적 특성이 있어 안전, 위험 등을 인지할 수 있게 하는 식별의 기능 등 다양한 감성적 이미지 전달을 가능하게 한다. 이러한 기능은 색의 연상이미지와 매우 밀접한 관련이 있으며 각각의 색에서 인지되는 연상이미지에 따라 사용 목적에 맞춘 색채 계획이 이루어지게 된다.

### 1) 색채의 정서성

색채의 정서성은 현대사회에서 색채 마케팅이라는 매우 중요한 판매촉진 전략에 적용되고 있는데, 이 색채 마케팅은 색에서 느껴지는 개인의 감정보다는 대다수가 함께 느끼는 색채 고유의 감정을 이용하여 계획하게 된다. 최근 색채 마케팅은 기업의 이미지 또는 브랜드 이미지를 높이기 위해 CI(Corporate Identity) 또는 BI(Brand Identity) 형태로 이용되며 이렇게 CI와 BI에 사용된 색채는 상품과 포장에도 적용되어 기업 및 브랜드 이미지 제고(提高)에 활용된다.

자연이 만든 순수 과자의 콘셉트를 담은 마켓오(Market O) BI와 브랜드 컬러

## 2) 색채의 식별성

색채의 식별성 역시 색에서 느껴지는 연상이미지를 활용한 것으로 국내뿐만 아니라 전 세계에서 공통적으로 사용하는 언어의 기능을 담당하기도 한다. 예를 들면 위험을 나타낼 때 빨간색을 사용하면 전 세계적으로 통용되고 지하철 노선도와 같이 색이 사인이나 기호로 사용되어 색을 통해 구분할 수 있도록 하는 기능을 색채의 식별성이라고 한다.

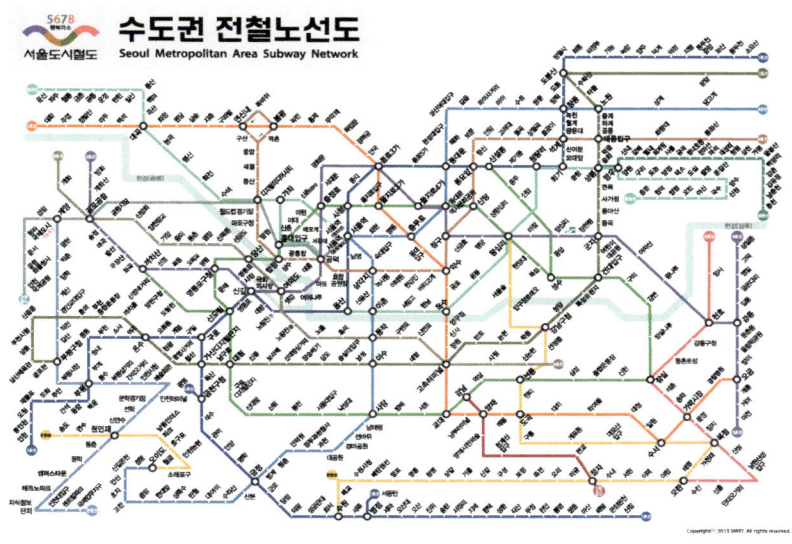

색의 식별성을 이용한 지하철 노선도

## 3) 색의 심리적 효과

### ① 색과 크기감

동일한 물체를 관찰할 때 물체의 배경색이 어떤 색이냐에 따라 그 크기감이 달리 느껴질 수 있다.

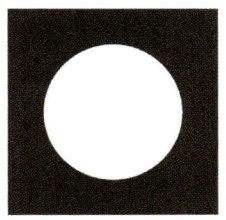

같은 크기의 동그라미지만 검정 바탕에 하양 동그라미가 흰 바탕에 검정 동그라미보다 훨씬 커 보이는 시각적 효과를 느낄 수 있을 것이다. 이는 어두운 배경에 있는 밝은 사물이 실제 크기보다 커 보인다는 사실을 입증해주고 있다. 또한 이러한 사실은 검은색 옷을 입으면 날씬해 보인다거나 하양 또는 명도가 높은 밝은색 옷을 입으면 부피가 커 보이는 것을 들 수 있다. 이와 같이 명도의 밝고 어두움은 크기를 인지하는 데 많은 영향을 준다.

② 색과 거리감
일반적으로 빨강, 노랑 등 난색계열의 색은 앞으로 진출해 보여 진출색이라 하고 파랑, 남색, 보라 등 한색계열의 색은 멀리 떨어져 보인다고 하여 후퇴색이라고 한다.

③ 색과 형태감
색채는 대부분의 사람들에게 색상별로 특정한 형태로 인지되기도 한다.

| 빨강 | 주황 | 노랑 | 초록 | 파랑 | 자주 |
| --- | --- | --- | --- | --- | --- |
| 정사각형 | 직사각형 | 역삼각형 | 육각형 | 원, 구 | 타원 |

④ 색과 시간 감각

난색계열의 색상은 시간이 길게 느껴지고 한색계열의 색상은 시간이 짧게 느껴진다고 한다. 이러한 색채의 시간감을 적용해보면 패스트 푸드점이나 음식점 또는 커피숍의 경우 대체적으로 난색으로 이루어져 있어 짧은 시간 동안에도 오랜 시간을 보낸 것 같은 느낌이 들게 하여 고객회전율을 높일 수 있어 적합하다. 반면 은행, 병원 등 차례를 기다려 지루함이 느껴지는 장소에는 한색계열의 색채를 사용하여 오랜 시간 기다려도 지루함이 느껴지지 않게 색채 계획을 하는 것이 좋다.

⑤ 색과 길이감

색채가 조명으로 표현되었을 경우 물체의 길이가 달라 보이기도 한다. 난색 조명 아래에서는 물체가 더 길어 보이고 한색 조명 아래에서는 물체가 더 짧아 보인다.

⑥ 색과 중량감

색채를 통하여 물체의 중량감을 느끼는 경우는 색상의 영향을 받지만 명도 차이에 더 많은 영향을 받는다. 이때 명도가 높아 밝은색일수록 훨씬 가벼워 보인다.


## 2. 색채와 공감각

공감각(Synaesthesia) 현상은 하나의 감각이 동시에 다른 영역의 감각을 불러일으키는 반응으로 색채학에서의 공감각은 인간이 눈으로 색채를 인지할 때 동시에 느끼는 미각, 청각, 촉각 등의 감각 반응을 말한다.

예를 들면 레몬 옐로우(Lemon Yellow)를 보면 입안에 신맛이 느껴지거나 침이 고이는 현상 또는 특정한 음을 들으면 눈앞에 일정한 색이 떠오른다거나 하는 현상을 바로 공감각이라고 한다. 또한 색을 보면 차갑거나 따뜻하게 느껴지는 현상 역시 공감각 현상의 하나라고 말할 수 있다.

1) 색과 청각

우리는 어떠한 소리를 듣게 되면 색이나 빛이 눈앞에 떠오르는 현상을 감지할 수 있는데 이러한 현상을 색청(Color Hearing)이라고 한다.

색상은 음색을, 명도의 단계는 고음과 저음을, 그리고 채도는 반음계, 톤은 음조를 표현한다.

2) 색채와 맛

우리가 매일 접하는 음식의 색은 식욕에 많은 영향을 미친다. 식욕을 돋울 수 있는 색으로는 빨강, 주황, 노랑 등 난색계열로 단맛, 신맛을 연상시키는 색으로 잘 알려져 있다. 이러한 색과 맛의 관계는 외식산업에 매우 중요한 마케팅 요소로 활용되고 있으며 실내장식부터 식기 및 포장재에 이르기까지 외식산업의 다양한 분야에 활용된다.

| 색명 | 색상 | 구체적 연상 | 추상적 연상 | |
|------|------|-------------|-------------|------|
| | | | 긍정적 이미지 | 부정적 이미지 |
| 빨강 | | 태양, 불, 사과, 딸기, 장미꽃, 입술 | 정열, 활력, 역동성, 풍요, 남성적 | 혁명, 위험, 흥분, 분노, 금지 |
| 주황 | | 오렌지, 감, 호박, 당근, 저녁놀 | 따스함, 낙천적, 즐거움, 명랑, 사교적, 젊음 | 자유분방한, 비현실적인 |
| 노랑 | | 개나리, 병아리, 바나나, 유채꽃, 금 | 행복, 순수함, 영원한 빛, 지혜로운, 부활 | 유아적, 속임수, 질투, 배신, 광기, 거짓말, 기만 |
| 연두 | | 새싹, 잔디, 대나무, 초여름, 완두콩 | 싱그러움, 위안, 안일, 친애, 신선, 생장 | 가벼움, 경박한 |
| 초록 | | 초원, 숲, 수박, 여름, 에메랄드, 교통신호 | 평화, 안전, 휴식, 건전, 안녕, 성장, 지성 | 이기주의, 편견, 지루함, 질병, 보수적, 비인간적 |
| 청록 | | 깊은 바다, 깊은 수풀, 보석, 찬바람 | 태동, 비방, 차가움, 외로움, 이지적 | 비인간적, 식욕억제, 우울함, 질병 |
| 파랑 | | 물, 하늘, 바다, 사파이어, 호수, 여름 | 냉정, 경계, 소원, 영원, 명상, 진실, 정숙 | 공상, 공허함, 비현실성, 우울증, 무기력함, 공허함, 비애 |
| 남색 | | 도라지꽃, 가지, 난꽃 | 숭고, 영원, 명상, 진실, 정숙, 전통 | 보수적, 편향적, 비현실성 |
| 보라 | | 포도, 보석, 등나무꽃, 라일락 | 창조, 우아, 예술, 고귀, 신비 | 불안, 병약, 외로움, 슬픔, 이상주의, 도도함, 경솔함 |
| 자주 | | 입술연지, 자두, 모란꽃 | 열정, 정열, 화려 | 비애, 공포 |
| 하양 | | 눈, 솜, 웨딩드레스, 병원, 백합, 설탕 | 소박, 순결, 청렴, 희망, 정직, 신성함, 완벽함, 예리함 | 결백, 고립, 냉정, 삭막함, 공허함, 피로감, 슬픔 |

| 회색 | 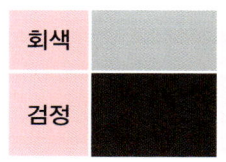 | 구름, 개, 쥐, 제복,<br>아스팔트, 안개 | 평화, 엄숙 | 공포, 어둠, 침묵, 절망, 허무 |
| 검정 | | 밤, 숯, 까마귀, 머리카락,<br>눈동자 | 부유, 견실, 신앙, 금욕,<br>엄격, 카리스마, 세련됨,<br>고급스러움 | 죽음, 슬픔, 폭력, 악의 상징,<br>부정적, 보수적, 폐쇄적 |

예) 단맛 – 빨강, 핑크
　　짠맛 – 청록색, 회색, 흰색
　　신맛 – 노랑, 연두
　　쓴맛 – 올리브 그린, 밤색

신맛을 연상시키는 레몬의 노랑

3) 색채와 향기

우리는 꽃과 과일의 색 등 어떠한 사물로부터의 경험에서 비롯되어 특정한 색의 사물을 보면 그 사물의 향기가 나는 것 같이 느낀다. 이러한 반응은 우리가 일상생활에서 사용하는 모든 사물에 적용된다고 할 수 있다. 아래의 표는 여러 연구결과를 종합한 색채와 향기의 연관성에 관한 자료이다.

| 향기 | 색(Color) |
| --- | --- |
| 시트러스(Citrus), 감귤향, 오렌지향 | 밝은 오렌지색 |
| 플로럴(Floral) 부케 | 핑크 |
| 시프레(Chypre), 파출리향(Patchouli) | 와인색, 보라 |
| 오리엔탈(Oriental), 동양의 신비 | 어두운 빨강 |
| 레몬(lemon) | 밝고 선명한 노랑, 연두 |
| 피치(Peach) | 선명하고 해맑은 자주, 빨강, 귤색 |
| 스피어민트(Mentha spicata) | 연한 초록, 선명한 초록, 파랑 |
| 시더우드(Cedarwood) | 어두운 노랑, 연두 |
| 엠버그리스(Ambergris), 동물성향 | 어둡고 탁한 자주, 보라 |
| 머스크(Musk), 사향노루향 | 연한 연두, 초록 |

# 3. 색채와 문화

## 1) 자연환경의 색채

### ① 풍토색

풍토(風土)는 단순히 어떠한 지역의 토지와
기후를 의미하지만 풍토색은 그 지역의 토
지와 기후에 독특한 생활양식, 인간의 문화,
산업 등이 반영되어 나타나는 Local Color
를 의미한다. 예를 들면 아프리카의 경우 대
부분 우기가 길어 비가 많고 햇살이 강렬하

아프리카 원주민과 인디언의 풍토색

며 밀림이 우거져 있고 산업이 낙후되어 있는 특징이 있다. 다양한 자료에 의하면
이 지역민(원주민)들은 대체로 채도가 높은 원색을 주로 배색하여 사용한다는 것을 알
수 있는데, 이러한 사실로 미루어 보아 이와 같은 기후를 가진 국가와 민족의 색채
성은 유사성을 갖게 됨을 짐작할 수 있다.

### ② 지역색

지역색(Colors in an Area)은 특정 지역 안에서만
느껴지는 독특한 색채를 의미한다. 지역색이
란 어떠한 지역의 건물, 간판, 수목, 토사, 암석,
주요 산업 등을 고려하여 인간에 의해 만들어
진 특정 지역을 구성하고 있는 색채를 말하며
환경색채 및 환경 디자인이라는 새로운 분야가
발전하면서 사용하기 시작한 용어이다.

이탈리아 부라노섬

### ③ 식물의 색

식물의 색은 크게 4가지로 구분된다. 각 색소별로 잎의 녹색을 발현시키는 클로
로필(Chlorophyll)은 엽록소라고도 불리며 이외에 담황색을 나타내는 카로티노이드계(Ca-
rotinoids), 적색과 보라색을 발현시키는 베타레인계(Betalains), 하양과 크림색 등을 나타내
는 플라본계(Flavonoids)의 색소가 있다.

④ 동물의 색

동물의 색은 체내에 분포하는 멜라닌(Mela-nin) 색소와 카로틴(Carotin) 색소에 의해 갈색 또는 검정을 나타내거나 노랑, 주황, 빨강 등의 변화를 나타내기도 한다. 또한 동물 체 표면의 얇은 막을 통해 빛이 반사되어 간접적으로 반짝이는 현상을 나타내기도 한다. 동물의 색은 크게 보호색과 표지색으로 나눌 수 있다.

보호색, 위협색, 경계색, 혼인색
(왼쪽부터 시계방향으로)

- 보호색: 은폐색이라고도 하며 자신을 보호하고 먹이의 포식활동을 원활하게 하기 위해 주위 환경과 유사한 색으로 몸을 변화시켜 만드는 색을 말한다.
- 표시색: 보호색과는 반대로 자신의 몸을 드러내거나 돋보이기 위한 색을 말하는데 경계색, 위협색, 인식색, 혼인색으로 구분할 수 있다.
  · 경계색은 자신의 몸에 독성이 있거나 위험함을 미리 알리는 색이다.
  · 위협색은 적의 공격으로부터 벗어나기 위해 자신을 과시할 때 사용되는 색이다.
  · 인식색은 동일한 종족 사이에 서로 눈에 잘 띄어 인식하기 쉽게 하는 색이다.
  · 혼인색은 대부분 암컷보다 수컷에서 많이 볼 수 있는데 암컷에게 구애를 하기 위해 수컷 자신을 매우 화려하고 멋져 보이게 하기 위한 색을 이야기한다.

2) 인문환경의 색채

국가마다 서로 다른 문화가 있고 그 문화에 따라 색을 해석하는 의미가 달라진다. 예를 들면 서양에서는 하양이 순결, 순백, 고결의 의미를 담고 있지만 동양에서의 하양은 죽음, 애도, 조문을 의미한다. 이처럼 문화에 따라 서로 다른 색채의 해석을 색채 문화라고 한다.

① 종교에서의 색채

색채문화는 다양한 문화 전반에 걸쳐 적용된다. 색채의 상징적 의미를 가장 두드러지게 적용시키는 분야가 바로 종교이며 각 종교에 따라 서로 다르게 해석하여 적용시킨다. 기독교에서는 천국을 가리킬 때 파랑색을 사용하고 이슬람교에서는 녹색을 사용한다. 또한 불교에서는 양계(兩界, 태장, 금강) 만다라를 색채로 구분하였는데 태장 만다라는 노랑으로 표현하고 이(理)의 원리를 상징하며 금강계 만다라는 빨강으로 나타내어 지(智)의 원리를 상징한다.

천주교 미사 복식

② 신체 채색의 의미

인디언들이나 아프리카의 원주민 등 토속 민족들은 자연 염료를 이용하여 본인의 신체에 채색하기를 즐긴다. 팔과 다리 혹은 얼굴에 무서운 호랑이를 연상시키는 문양을 그리기도 하고 독특한 문양을 새겨 넣기도 한다. 이렇게 신체에 채색을 하는 이유는 신분의 표시를 하거나 악한 존재로부터 자신의 보호 또는 용맹스러움을 나타내기도 한다.

③ 문학과 색채

고전문학 또는 현대문학에서 특정 시대상이나 출연자들의 감정의 변화 등을 색채로 표현하기도 한다. 예를 들면 말로의 '아더 왕 이야기'에서는 녹색의 기사, 노란색의 기사가 각각 충성과 불충을 뜻하며 메테를링크의 동화극 '파랑새'에서 파랑은 꿈과 이상을 상징하고 호손의 '주홍글씨'에서 주홍은 씻을 수 없는 수치스러움, 천박함 등을 나타내는 상징적인 의미로 사용되었다.


## 4. 색채의 기능

### 1) 색채조절

색채조절(Color Conditioning)은 색채의 감성 및 심리적 효과를 쾌적한 생활환경 구성과 작업환경의 개선, 작업의 능률 향상 및 용도와 목적에 맞는 장소의 효율적인 이용에 적극적으로 활용하는 것을 말한다. 앞서 설명한 색채의 정서적 반응과 공감각 그리고 각각의 문화에 따른 색채의 해석과 사용 등을 바탕으로 하여 색채의 조절을 적용시키게 된다.

① 색채조절의 효과

색채조절은 먼저 적용하려는 목적과 그 대상이 조사가 되어야 하며 색채가 가진 고유한 심리적 특성을 이에 접목시키는 단계를 통하여 효과를 볼 수 있다. 색채조절의 3요소는 명시성 · 작업의욕 고취 · 안정성 등을 기본으로 꼽는데 여기에 미적인 감각을 더하여 색채조절의 4대 요건으로 능률성, 안전성, 쾌적성, 심미성의 향상을 들 수 있다.

◆ 효과
① 작업환경을 개선시켜 근로자 또는 노동자들의 건강과 안전 유지에 도움을 준다.
② 집중력과 주의력을 향상시켜 빠른 판단을 내리게 한다.
③ 공부방의 환경을 개선시켜 효율적인 학습을 돕는다.
④ 심리적인 안정감과 시각적인 즐거움을 준다.
⑤ 병원에서는 환자의 쾌유와 치료를 돕는다.
⑥ 기술력과 제품의 질적 향상을 돕는다.
⑦ 사고나 재해방지의 경감 효과가 있다.

② 색채조절 시 고려해야 할 사항
- 시간, 장소, 경우를 고려한 색채조절
- 사물의 용도를 고려한 색채조절
- 사용자의 성향을 고려한 색채조절
- 색채의 의미를 고려한 색채조절

2) 안전색채

자료에 의하면 인간의 정보 인식은 80% 이상을 시지각으로 인지한다. 또한 시지각은 색-형태-텍스트의 순으로 인지하기 때문에 위험요소나 긴급한 상황을 알리는 등의 알림표시에서 색채가 많이 활용되어 왔다. 이러한 색채는 시인성과 유목성, 식별성이라는 3가지의 특성을 가지고 있는데, 시인성은 대상이 얼마나 쉽게 보이는가의 정도를 나타내는 것이며 유목성은 다수의 대상에서 쉽게 눈에 띄는지의 정도 그리고 식별성은 색의 차이에 의해 대상이 갖는 정보의 차이를 구별하여 인식하는 성질을 말한다.

| 안전색 | 의미 또는 사용 목적 | 사용 사례 |
| --- | --- | --- |
| 빨강 | 방화, 금지, 정지, 고도위험 | 방화표지, 배관계 식별 소화 표시, 금지 표시, 긴급 정지 버튼, 정지 신호기, 화약 및 발파 경고표, 화약류 표시 |
| 주황 | 위험, 항해, 항공의 보안시설 | 위험 표지, 배관계 식별 위험 표시, 스위치 박스 뚜껑 안쪽 면, 기예의 안전 커버 안쪽 면, 노출기어의 옆면, 눈금관의 위험범위, 구명보트, 구명구, 구명대, 수로 표지, 선박 계류부표, 비행장용 구급차 및 연료차 |
| 노랑 | 주의 | 주의 표지, 감전주의 표지, 크레인, 구내 기관차의 범퍼, 낮은 대들보, 기둥 및 바닥 돌출물, 전성 방호구, 도로상의 바리케이드, 가전제품의 경고표시 등 |
| 녹색 | 안전, 피난, 위생, 구호, 보호, 진행 | 안전지도 표지 및 안전기, 유도 표지, 비상구 방향을 나타내는 표지, 대피소 위치, 위생지도 표지, 노동위생기, 구호 표지, 보호구 상자, 들것, 구급상자, 구호소 표지, 통행 신호기 |
| 파랑 | 의무적 행동, 지시 | 지시 표지, 보호안경의 착용, 가스 측정 등을 지시하는 표지, 수리 중 또는 운전 휴게 장소를 나타내는 표지, 스위치 박스의 바깥 면 |
| 자주 | 방사능 | 방사능 표지 빛 경표, 방사성 동위원소 및 관련 폐기 작업실, 저장시설, 관리구역 등에 설치하는 울타리 |

안전색의 일반적인 의미(출처: 윤혜림 저, 『컬러리스트』)

# 5. 색채 마케팅의 개념

## 1) 마케팅의 개념

마케팅이란 생산자가 소비자에게 제품을 판매하기 위해 활용하는 모든 경영전략을 말하며 현대사회에서는 제품 판매촉진 전략으로 이해되고 있다. 마케팅은 시대적 변천에 따라 많은 변화를 겪어왔으며, 생산 지향적 → 제품 지향적 → 판매 지향적 → 소비자 지향적 → 사회 지향적 마케팅의 순서로 변해 왔다.

## 2) 마케팅 전략 수립단계

### ① 환경요인 분석

상품을 기획할 때 세우는 단계 중 하나로 상품을 판매할 주요 대상의 연령, 소득수준, 생활환경 등 타깃(Target)을 분석하고, 경쟁사의 동일 상품에 대하여 가격, 판매전략 등을 분석하는 것을 말한다.

### ② 시장현황 조사

개발하려는 상품의 시장성을 파악하기 위해 시장에서의 위험요인과 기회요인을 분석하는 것을 말한다.

### ③ 공략시장의 확정

개발한 상품을 판매하기 위한 시장을 확정하는 단계로 전체의 시장을 공략하기란 쉽지 않다. 타깃으로 선정한 공략 대상의 활동범위, 수요 장소, 시장의 규모, 시장 진입 시 장애요인 등을 종합적으로 검토한 후 주된 공급 시장을 확정하는 단계를 말한다.

### ④ 마케팅 믹스(4P전략)

목표시장의 환경을 세분화하여 시장을 공략하기에 가장 효과적인 방법을 수립하는 단계로서 4가지 전략으로 구분된다. 4가지 전략은 제품(Product), 가격(Price), 유통(Place), 촉진(Promotion) 전략으로 구분되는데 이 4가지 전략을 바탕으로 우선순위를 정하여 판매 촉진전략을 수립하는 단계이다.

3) 색채 마케팅

① 색채 마케팅의 배경

색채 마케팅의 효과가 인정되기 시작한 때는 1920년대에 모든 만년필이 무채색과 갈색으로 유통되던 시기에 '파커사'가 빨간색 만년필을 만들어 엄청난 매출신장을 이루면서부터이다.

이후 자동차 생산 회사인 '제너럴 모터스'가 자동차에 화려한 색채를 도입시켜 큰 인기를 누렸고, 일본의 '샤프 전자'에서도 가전제품에 다양한 컬러를 도입하여 큰 호응을 얻으면서 색채 마케팅의 개념이 시작되었다.

색채 마케팅은 일반 마케팅 기법에 색채의 기능을 도입한 것으로 색채의 감성적인 측면을 부각시켜 제품의 판매를 촉진하는 방법이다. 마케팅 기법에 색채를 도입하여야 하므로 시장의 색채 활동 및 색채의 시장효과를 충분히 검토하고 색채를 접목시킬 부분을 계획하고 설계한다. 최근에는 제품뿐만 아니라 기업의 상징(CI: Corporate Identity) 및 브랜드의 상징(BI: Brand Identity)에도 적용되어 기업 및 브랜드 이미지 제고에도 널리 사용되고 있으며 그 사용범위는 점차 확대되고 있다.

② 마케팅에서 색채 사용의 의미

- 소비자의 시선을 끌어 존재감을 부각시킨다.

색채는 인간이 사물을 인식하는데 가장 먼저 작용하는 요소로서 상품의 색채는 소비자의 시감각을 가장 먼저 자극시켜 여러 개의 동일 상품 중에서 가장 눈에 띄게 (유목성) 하는 기능을 한다.

- 대상물의 사용처와 이미지를 통합하여 전달한다.

대상물이 부각시키고자 하는 요점을 파악하게 하여 그 의미를 대상물과 함께 이미지로서 전달하는 효과로 대상물을 기억에 남게 하는 역할을 한다. 자연적인 색채를 유기농의 상품 포장에 사용하는 것은 그 상품이 안전하다는 것을 의미하는 것으로 농약이나 화학 성분으로부터 안전하다는 것을 소비자에게 전달하는 역할을 한다.

- 저렴한 비용을 들여 상품의 가치를 높이는 효과를 한다.

상품의 가치를 높이기 위해 또는 신규 상품을 개발하기 위해서는 기존의 상품을 재구성해야 하는데 이때 형태나 재료 등을 바꾸게 되면 굉장히 많은 비용이 요구된다. 이에 비해 색채의 변경은 비교적 적은 비용이 들기 때문에 상품의 변화에 적은 비용으로 큰 효과를 볼 수 있는 요소이다.

- 유행 컬러 도입으로 판매량의 촉진 효과

급격한 시대 변화에 따라 매년 유행하는 색채 역시 빠르게 변하고 있는 추세이다. 이러한 유행 컬러를 상품에 도입하여 소비자의 구매 욕구를 상승시키는 요인으로써 색채가 적극적으로 활용된다.

4) 색채 마케팅의 시장세분화 전략
① 시장세분화란?

시장세분화(Market Segmentation)란 다양한 욕구를 가진 전체 시장을 일정한 기준으로 분류하여 시장을 부분적으로 나누는 것을 말하며 이렇게 나누어진 시장을 '세분시장'이라고 한다. 또한 '세분시장' 중 기업이 구체적인 판매 전략을 진행하려고 하는 세분시장을 '표적시장'이라고 한다.

② 세분시장 선정의 기준
- 지리적 속성

시장세분화의 기준이 되는 가장 기본이 되는 기준속성이라고 할 수 있으며 소비자의 거주지역, 기후, 도시의 규모 등에 따라 분류된다. 예를 들면 서울특별시, 인천광역시 등 도시의 규모로 나눌 수 있고, 서울특별시 중에서도 더 세분화하여 강남구, 송파구 등으로 분류할 수 있다. 지리적 속성에 의한 시장의 분류는 특정 지역의 마케팅을 세우는 데 많이 쓰인다.

- 인구 통계적 속성

인구 통계적 변수는 소비자의 연령, 성별, 소득수준 등에 의해 분류하는 속성으로 구매행동과 가장 밀접한 관계를 갖는 속성이라고 할 수 있다. 성별이나 나이에 따라 소비자가 구별되는 상품 등의 판매촉진 전략에 활용된다. 예를 들면 화장품, 의류 등을 들 수 있다.

- 심리적 속성

심리적 변수는 소비자의 라이프 스타일(Life Style)과 매우 밀접한 관련이 있다. 즉, 소비자의 개성에 따라 구매행동이 달라지는데 개성이 강한 소비자일수록 제품의 기능적인 부분보다는 제품의 브랜드나 디자인을 중시하여 구매하는 경향을 보인다.

- 행동 분석적 속성

행동 분석적 속성에 의한 시장세분화는 소비자의 편익과 브랜드 선호도, 소비자의 태도나 요구도에 따라 시장을 분류하는 것을 말한다. 예를 들면 제품의 사용량에 따른 대량구매 고객과 소량구매 고객으로 분류되고, 특정 브랜드에 대한 인식이 좋아 계속적으로 해당 브랜드의 상품을 선호하는 경향을 보이는 등이 행동 분석적 변수에 의한 구매행동이라고 할 수 있다.

5) 브랜드 이미지 전략

브랜드(Brand)라는 용어는 앵글로색슨족이 자기 소유의 가축을 확인하기 위해 인두로 낙인을 찍은 데서 유래되었다는 설이 있다. 이처럼 브랜드는 자기의 소유물을 표시하는 기능에서 신뢰도를 높이기 위한 기능으로 확장되었고, 현재는 제품의 가치를 표현하는 무형의 가치로서의 큰 의미로 확장되어 사용되고 있다.

오늘날 브랜드의 정의는 특정 판매자가 자신의 제품 또는 서비스를 다른 경쟁자와 구별되도록 표시하기 위해 사용하는 명칭, 용어, 상징, 디자인 혹은 그의 결합체로 표현할 수 있다.

① 브랜드의 범위
- 브랜드 네임(Brand Name): 말로써 표현할 수 있는 낱말, 문자, 숫자 등을 말한다.
- 브랜드 마크(Brand Mark): 말로써 표현할 수 없는 순수한 시각적인 기호를 의미한다.
- 트레이드 마크(Trade Mark): 브랜드의 사용을 독점적으로 사용하도록 보장받은 상표를 말한다.

② 브랜드의 기능
- 식별 · 차별화 기능: 기업의 제품을 식별하고 타사 또는 경쟁사와의 제품을 구

별하게 하는 기능을 말한다.

- 신뢰 · 품질 보증 기능: 브랜드는 사용계층과 사용층의 범위를 나타나게 해주고 기업에 대한 신뢰도를 표현해 주며 이를 통해 품질에 대한 보증과 구매를 유발시키는 역할을 하게 된다.
- 의미 · 상징 기능: 개성, 문화, 가치, 편익, 속성 등을 통해 어떠한 무형의 가치를 전달하는 기능으로서 품질보증 이상을 의미하며 자기만족과 과시심리 유발 등의 기능을 갖고 있다.

삼성전자는 지펠이라는 새로운 브랜드를 통하여 삼성전자의 딱딱하고 오래된 느낌을 탈피하고
국내 최초 프리미엄 주방 전자제품을 상징하는 새로운 프리미엄 가전제품 브랜드로 자리 잡았다.

## 6. 색상과 색조의 정서적 특성

1) 색상에 따른 정서적 감성

각각의 색상이 가지고 있는 정서적 특징을 먼셀 색체계의 기본 5색에 주황색을 포함시키고 하양과 검은색을 추가하여 설명하고자 한다.

# RED

## 강한 생명력 넘치는 에너지의 상징 빨강

**긍정적 의미의 Red**
활력, 기쁨, 열정, 풍요,
정렬, 성적 자극, 역동성,
남성적, 강인함

**부정적 의미의 Red**
자극, 증오, 분노, 불안,
경고, 위험, 금지

Red는 대중들에게 가장 오랫동안 관심을 받는 대표적인 색이다. Red를 선호하는 대부분의 사람들은 Red가 가진 긍정의 이미지인 강인함과 추진력, 넘치는 에너지를 사랑한다. Red는 권력, 부의 상징, 강한 에너지, 열망 등을 상징하여 예로부터 왕족과 귀족의 색으로 사용되었다. 괴테(J. W. Goethe)는 "능동적인 최고의 에너지를 가진 색으로 한쪽으로 치우치지 않은 균형 잡힌 색"이라 하였고, 철학자 헤겔(G. W. F. Hegel)은 분명한 색상을 갖춘 하나의 색상으로 "구체적인 색상"이라고 하였다.

Red는 사용되는 용도에 따라 다양한 감성을 나타내는데 특히 Red와 무채색과의 만남은 매우 양면적인 성향으로 표현된다. White와 Red의 만남은 여성성을 강조하게 되며 사랑스럽고 낭만적인 이미지를 나타내게 되는 반면 Black과 Red의 만남은 현대적이고 강인함, 남성적이고 역동적인 성향을 나타내는 특징이 있다.

# ORANGE

## 친근함과 즐거움의 상징 주황

**긍정적 의미의 Orange**
따스함, 낙천적인, 즐거움,
행복한, 사교적인, 젊음,
호기심, 명랑함, 기쁨과
행복

**부정적 의미의 Orange**
가벼움, 경박한,
자유분방한, 비현실적인

　　Orange는 가장 맛있는 과일을 상징하며 즐거움과 사교적이고 따뜻한 느낌을 준다. Orange는 친밀함을 느끼게 하는 대표적인 색이면서 동시에 활발하고 명랑함을 갖고 있어 톡톡 튀는 색다른 감성을 표출하게 된다. 이러한 Orange의 감성은 다양한 홍보수단에 활용되고 있으며 최근 Fun Marketing에 가장 많이 적용되고 있는 색상이다.

　　Orange는 무채색인 White, Gray, Black과 혼합되었을 때 각각 서로 다른 감성어휘로 표현되는 특징이 있어 다양한 매력을 가진 색상이라 할 수 있다. Orange와 White의 만남은 희망, 귀여움, 산뜻함, 새콤달콤함 등을 느낄 수 있게 되고 외식업, 프랜차이즈, 메이크업 제품, 여성 의복 등에 주로 많이 사용된다. Orange와 Gray의 혼합은 귀족적인 Noble 이미지를 느끼게 하는 Gold, 자연스러운 이미지를 느끼게 하는 Beige색상으로 표현되어 차분한 배색에 많이 사용되고 가을을 느끼게 하는 풍부한 이미지를 연출한다. 또한 Orange와 Black과의 만남은 중후함을 느끼게 하는 전통적인 Classic 이미지를 연상시키게 되고 어두운 Brown이 표현되어 전통적이고 깊이감을 느끼게 하는 배색에 많이 활용된다.

# YELLOW

## 빛과 생명의 상징 노랑

**긍정적 의미의 Yellow**
행복, 순수함, 명랑,
호기심, 영원한 빛,
지혜로운, 부활

**부정적 의미의 Yellow**
유아적, 속임수, 질투,
배신, 광기, 거짓말, 기만,
경멸

　대중의 상징, 빛과 진리, 생명, 행복, 영유아의 상징은 노랑(Yellow)이다. Yellow는 기본색상 중 가장 명도가 높은 색으로 우리는 Yellow를 보면서 희망과 밝은 미래를 생각하게 된다. 또한 현대에는 대중을 대표하는 색상으로 다양한 공익광고 및 홍보수단에 자주 등장하는 색상이기도 하다.

　Yellow는 예로부터 불교에서는 깨달음의 색으로 부처의 귀의(歸依)를 상징하고 이슬람에서는 지혜, 고대 유럽에서는 이성(異性)의 색으로 여겨져 왔으며 중국에서는 황제의 색으로 귀하게 자리 잡은 색상이다. 또한 오방정색 중 중앙에 위치한 황색으로 태양의 에너지를 받아 만물을 소생시키는 대지 또는 빛의 색이라고도 한다.

　하지만 여전히 과거와 현재 모두 지혜와 교육, 지성으로 그 의미를 해석하여 활용하고 있으며 현대에는 대중을 타깃으로 하는 저가 마케팅 및 높은 시인성으로 경고 표시, 사인물 등에 많이 활용되고 있다.

# GREEN

## 젊음과 휴(休)의 상징 초록

**긍정적 의미의 Green**
평화, 균형, 안정,
싱그러움, 성장, 결실,
조화로운, 희망, 정화,
치유

**부정적 의미의 Green**
이기주의, 편견, 지루함,
질병, 보수적, 비인간적인

Green은 중파장의 에너지를 지닌 가장 편안하고 자극이 없는 색으로 녹색(綠色)이라 부른다. 초원의 빛을 의미하는 Green은 평화, 안정, 평온, 건강, 싱그러움, 정화(淨化), 희망, 젊음을 상징한다. Green은 최근 들어 반복되는 일상과 스트레스로 인해 자연으로의 회귀(回歸)를 꿈꾸는 현대인들이 필수적으로 접해야 할 색상으로 인식되고 있다. 현대인들은 일상에서 오는 스트레스로부터 쉼과 휴식의 상징인 Green을 쉽게 접할 수 있도록 도심 속에 공원을 조성하거나 실내에는 실내정원을 설치하여 녹색의 효과, 즉 자연치유의 효과를 누린다. 따라서 Green은 치유의 색으로 인식되기도 한다.

또한 Green은 공익사업에 주로 많이 활용되어 건강 관련분야에 많이 활용되는 메가트랜드 컬러로 각광받고 있으며 최근 Well-Being과 Healing이 새로운 트랜드로 대두되면서 Green색에 대한 관심이 더욱 고조되어 건축, 인테리어, 패션 등지에 다양하게 활용되고 있다.

# BLUE

## 신뢰와 이성적인 냉철함 파랑

**긍정적 의미의 Blue**
이성적, 신뢰와 믿음,
평화, 냉철함, 지적,
성공과 비전, 내향적,
전문성

**부정적 의미의 Blue**
공상, 공허함, 비현실성,
우울증, 무기력함, 비애

Blue는 지적인 냉철함을 상징하는 색채로 기업의 선호 색채 중 하나이다. 특히 대기업이나 금융계 기업의 상징 색채로 우리에게 친숙하게 다가와 있는 Blue는 bluish Violet이다. 남색이라고 불리는 bluish Violet은 Blue보다 차갑고 냉철함을 지니고 있지만 일차색상인 Blue는 희망과 꿈, 낭만, 이상향 등의 의미를 함축하고 있기도 하다.

Blue는 우리나라에서는 절개와 신의를 가진 선비를 상징하는 색으로 '쪽빛'이라고 불리어 왔으며 서양에서는 '인디고블루'라는 안료로 귀족의 색으로 활용되었다. 훗날 합성 안료의 개발로 젊음과 노동자의 대명사인 청바지색으로 대중화되었다고 할 수 있다.

특히 무채색 중 White와 Blue와의 조화는 대중적인 배색으로 자리 잡고 있으며 인테리어, 패션, 디스플레이 등에 많이 활용되어 깨끗하고 시원함을 표현한다.

# PURPLE

## 신비로움과 예술의 상징 보라

**긍정적 의미의 Purple**
숭고함, 자기존중, 품위,
높은 자의식, 신성함,
신비로움, 위엄,
천상의 이미지

**부정적 의미의 Purple**
내면의 불안, 외로움,
슬픔, 비현실적인,
이상주의, 자만심,
오만함, 도도함, 경솔함

여성들이 선호하는 신비로운 여신의 이미지를 담은 색상 보라 (Purple)! 신비롭고 우아하며 숭고한 이미지의 Purple은 예로부터 왕족과 귀족의 색으로 알려져 있다. 성직자, 왕족, 귀족 등 특정계층에서만 사용할 수 있었던 Purple은 Blue와 Red의 혼합으로 형성된 색으로 차가움과 따뜻함이 공존하는 두 얼굴을 지닌 색상이라 할 수 있다.

Purple은 영감, 독창적이고 창의적인 예술성과도 연관되어 디자이너들이 선호하는 색상으로도 잘 알려져 있다. 주로 여성들이 선호하는 색으로 분석되어 여성용 제품 디자인에 많이 적용되고 있으며 감각적이면서 세련된 느낌을 주는 배색으로 활용된다.

Purple은 무채색과의 조화에 있어서 매우 다른 이미지를 표현하는데 White와의 조화에서는 여성미, 신비함, 몽환적인, 비현실적인 이미지를 연상시키고 Gray와의 조화에서는 기품 있고 우아한 자태를 뽐내며, Black과의 조화에서는 Gorgeous한 고혹적인 매력을 자아내는 다양한 매력을 가진 색이라 할 수 있다.

# WHITE

## 순수와 숭고함의 상징 하양

서양에서는 예로부터 신부의 순결을 상징하기 위해 순백의 드레스를 입고 결혼식 예를 올렸다고 한다. 또한 우리 민족도 순수함과 선함, 내면의 평화를 의미하는 하양을 숭상하여 '백의민족(白衣民族)'이라고 불리었다. White는 물체가 모든 빛을 반사하여 만들어지기도 하지만 모든 빛이 혼합되어 만들어지기도 한다. 다른 어떠한 색도 지니지 않은 순수한 무결점의 색이 바로 White이다.

White는 기본적으로 순수, 순결, 청결, 밝은빛 등을 상징하지만 숭고하고 신성하며 완벽하고 예리한 정교함을 상징하기도 한다. 또한 다양한 분야에서 사용되는 색으로 명도가 높은 색조와 Blue계열의 색상과 배색할 때 시원하고 깨끗한 이미지의 배색 효과를 나타낼 수 있다.

# BLACK

## 권위와 위엄의 상징 검정

긍정적 의미의 Black
부유, 견실, 신앙,
금욕, 엄격, 카리스마,
규율, 신중함, 절도,
고급스러움, 세련됨

부정적 의미의 Black
죽음, 슬픔, 폭력, 악의
상징, 부정적, 보수적,
폐쇄적

리더(Leader)의 색으로 우리에게 잘 알려져 있는 검정(Black)은 물체가 모든 빛을 흡수하여 만들어지며 모든 염료들의 혼합으로 만들어지는 색이다. 권위와 위엄을 상징하며 세련된 현대적 이미지를 가진 색으로 어떤 색과도 잘 어울리는 특징이 있으며 견실하고 강인한 이미지의 카리스마를 느낄 수 있는 색이다.

최근 Black은 최고의 권위와 부를 누리는 계층을 대상으로 하는 W(vvip) 마케팅에 적극 활용된다. 이것은 Black이 고급스러움과 권위를 대변하는 색으로 고가 마케팅에 활용가치가 높으며 Black이 지닌 현대적이고 세련된 이미지는 다양한 분야에서 고품격으로 상품을 포장하는 중요한 수단이 된다는 것을 보여준다.

Black은 자칫 딱딱하고 무거운 느낌을 줄 수 있어 배색할 때는 매우 신중을 기해야 하는데 배색의 결과로 표현되는 이미지에 따라 유채색의 적용 여부 및 면적비례를 잘 계획한 후에 활용하는 것이 좋다.

## 2) 색조에 따른 정서적 감성

색조란 명도와 채도의 동시변화로 나타나는 색의 강약(强弱)과 농담(農談)이 표현되는 색의 속성으로 우리는 색조를 통해 다양한 감성을 느끼게 된다. 이미지 배색이나 감성어휘를 이용한 배색에서 색조의 선택은 색상의 선택과 함께 매우 중요하게 작용된다. 가장 흔하게 사용되는 색조에 관한 컬러시스템은 일본의 PCCS 컬러시스템, 미국의 ISCC-NBS 시스템, I. R. I 색채연구소의 Hue&Tone120 시스템 등 다양하지

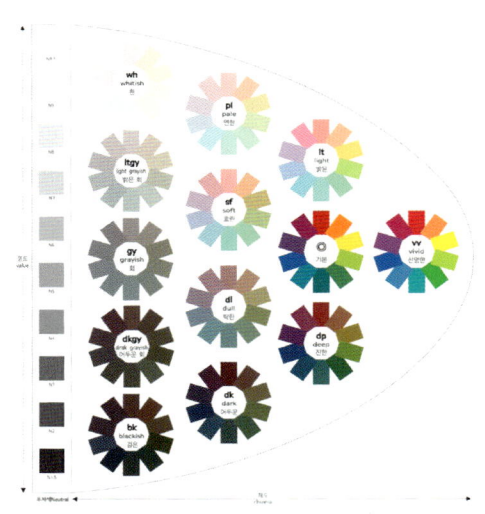

KS 반타원형 세로형식

만 이 책에서는 KS 색체계 시스템을 활용하기로 한다.

KS 색체계의 색조는 Vivid, Light, Deep, Pale, Soft, Dull, Dark, Whitish, Light Grayish, Grayish, Dark Grayish, Blackish와 기본색조를 포함하여 총 13가지의 색조로 구분되어 있다.


① 고채도의 종류와 특징

- Vivid색조

비비드는 중명도, 고채도의 색조로 13가지 색조 중 가장 맑은 채도를 가지고 있다. 자연스러운 이미지보다는 인공적인 이미지를 더 많이 가지고 있어 선명한 색대비가 필요한 경우에 많이 적용하게 되며 시인성이 좋아 간판이나 사인물, 기업체의 로고 등에 많이 사용된다. 전체적으로 비비드색조의 모든 색상은 색 차이가 크게 느껴지므로 비비드색조를 활용하여 배색할 경우에는 분리배색이나 채도가 낮은 색과의 조화를 이용하여 배색하는 것이 조화롭고 편안한 배색을 할 수 있다.

Key Word: 활동적인, 경쾌한, 젊은, 다양한, 돋보이는, 자유로운, 쾌활한

Vivid tone 10색상

| 19 | 13 | 14 |
|----|----|----|

| 16 | N9.5 | 17 |
|----|------|----|

| 11 | 12 | 17 |
|----|----|----|

| 13 | 17 | 18 |
|----|----|----|

- 기본색조

기본색조는 비비드색조보다 채도가 조금 낮은 색조로 명도는 같지만 채도가 낮아 비비드보다 견고한 이미지를 연상시킨다. 주로 패브릭, 인테리어, 패션 색채 계획에 많이 적용되며 비비드보다 강한 느낌을 주어 역동적이고 개성이 강한 이미지를 연출할 수 있고 색상의 선택에 따라 고혹적인 이미지를 연출하는 화려함과 민족적인 성향을 나타내는 에스닉(Ethnic) 이미지, 활동적이고 역동적인 이미지 등을 표현할 때 효과적이다.

Key Word: 역동적인, 강한, 개성 있는, 고혹적인, 화려한, 민족적인, 장식적인, 매력적인

기본 tone 10색상

| 1 | 3 | N1.5 |
|---|---|------|

| 4 | 10 | 6 |
|---|----|---|

| 21 | 3 | 6 |
|----|---|---|

| 9 | 23 | 4 |
|---|----|---|

- Light 색조

라이트색조는 비비드색조보다 명도가 밝고 채도가 낮은 색조이다. 비비드색조에 하양을 조금 가미하여 밝은 이미지를 느끼게 하는 명색조에 해당하며 채도가 대체적으로 높은 고채도에 속한다. 통통 튀는 매력과 밝고 발랄한 이미지를 느끼게 하므로 주로 아동복, 캐릭터 용품 등에 많이 적용되며 새콤달콤한 맛의 이미지 전달이 필요한 사탕류 배색에도 많이 적용되는 색조이다.

**Key Word**: 귀여운, 발랄한, 아기자기한, 새콤달콤한, 즐거운, 싱싱한, 유쾌한, 재미있는

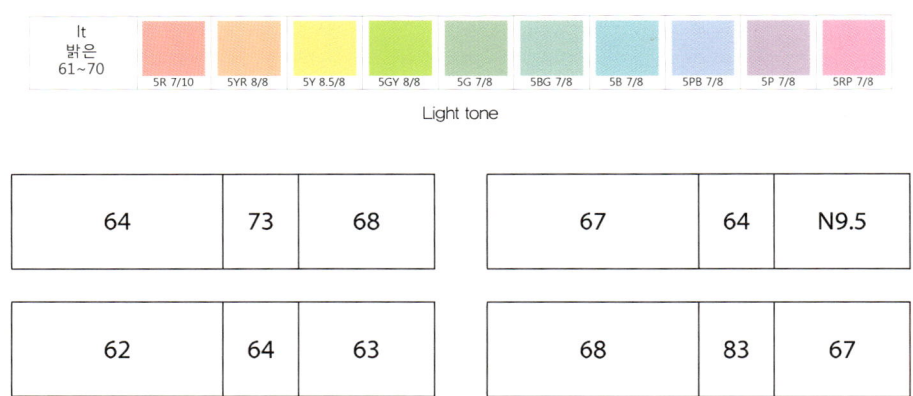

Light tone

| 64 | 73 | 68 |
|----|----|----|
| 62 | 64 | 63 |

| 67 | 64 | N9.5 |
|----|----|------|
| 68 | 83 | 67 |

- Deep 색조

딥색조는 비비드보다 명도와 채도가 동시에 조금 낮아진 색조를 말하며 어두운 회색이 조금 섞여 전체적으로 깊고 중후한 이미지를 느끼게 한다. 딥색조의 전체적인 이미지는 중후하고 세련되고 견고하며 전통과 앤티크(Antique)한 느낌도 포함한다. 풍부한 느낌을 갖고 있어 가을에 많이 활용되는 색조이며 중년의 연령대에서 선호도가 높다. 특히 딥 색조의 파랑(B)과 노랑(Y)은 귀족적인 이미지를 연출하는 데 매우 중요한 역할을 하는 색상이다.

**Key Word**: 중후한, 깊이 있는, 앤틱한, 고급스러운, 격식 있는, 전통적, 견고한, 성숙한

Deep tone 10색상

| 21 | 23 | 22 |
|---|---|---|

| 26 | N1.5 | 30 |
|---|---|---|

| 22 | N1.5 | 28 |
|---|---|---|

| 30 | 23 | 29 |
|---|---|---|

② 중채도의 종류와 특징

- Pale색조

페일색조는 라이트색조보다 하양이 많이 섞여 있어 차갑고 부드러운 느낌을 준다. 대중들에게 파스텔이라는 명칭으로 알려져 있으며 여성스럽고 소녀다운 이미지를 가장 잘 표현할 수 있는 색조이다. 사계절 중 봄의 여성의류에서 자주 찾아볼 수 있고 여성들을 대상으로 하는 메이크업 제품, 소품, 액세서리류와 리빙용품, 인테리어 제품 등에 적용된다. 페일색조는 부드럽고 달콤하며 몽환적인 분위기를 연출할 수 있으며 편안하고 온화한 느낌을 갖고 있어 대중들에게 많은 사랑을 받는 색조이다.

Key Word: 여성적인, 소녀다운, 부드러운, 편안한, 달콤한, 낭만적인, 감미로운, 향
 기로운

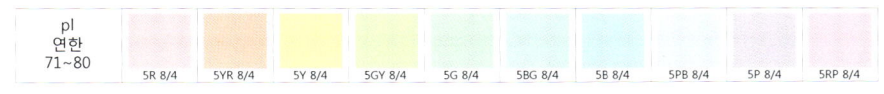

Pale tone 10색상

| 71 | 84 | 72 |
|---|---|---|

| 74 | 82 | 79 |
|---|---|---|

| 80 | 84 | 79 |
|---|---|---|

| 72 | 86 | 73 |
|---|---|---|

- Soft 색조

소프트색조는 페일색조보다 명도가 낮은 색조로 밝은 회색빛이 감도는 색조이다. 페일색조와 비교했을 때 명도가 낮아 좀 더 차분함이 느껴지며 전원의 이미지 또는 자연적인 이미지를 느끼게 한다. 소프트색조의 전체적인 느낌은 수수하고 부드러우며 편안하고 안락함을 느끼게 하여 오래되고 빛바랜 듯한 빈티지(Vintage)풍 인테리어 색채 계획에 자주 적용되고 있다. 또한 최근 웰빙에 대한 관심이 높아지면서 자연주의, 유기농 식품 등 Organic 제품의 포장디자인에서도 흔히 찾아볼 수 있는 색조다.

Key Word: 자연적인, 전원적인, 오래된, 빛바랜, 포근한, 안락한, 편안한, 차분한, 은은한

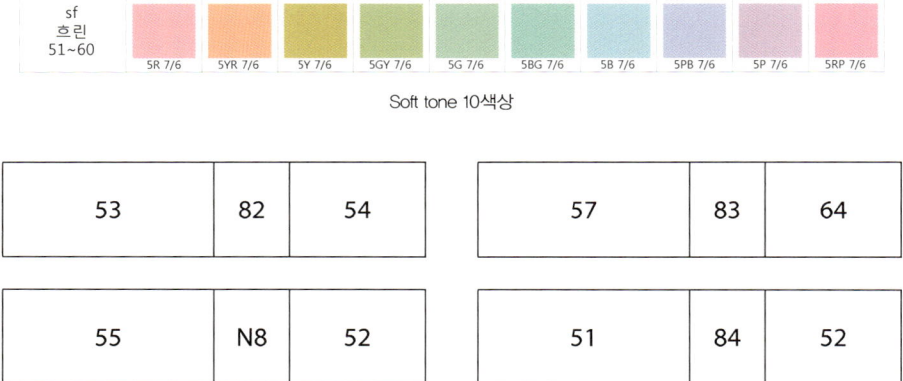

Soft tone 10색상

| 53 | 82 | 54 |
|----|----|----|
| 55 | N8 | 52 |

| 57 | 83 | 64 |
|----|----|----|
| 51 | 84 | 52 |

- Dull 색조

덜색조는 흐릿하고 조금은 둔탁한 느낌을 준다. 따라서 전체적으로 차분하고 격식 있는 분위기를 연출할 때나 고급스러운 Noble 이미지를 표현하는 데 효과적인 색조이다. 딥색조에 비해서는 회색빛이 많이 감돌아 다소 둔탁해 보이지만 품위 있고 우아한 이미지를 연출할 수 있으며 소프트색조와 함께 빛바랜 빈티지 컬러배색에 많이 활용되고 있다.

Key Word: 고급스러운, 지적인, 격식 있는, 귀족적인, 우아한, 오래된, 품위 있는, 둔탁한

Dull tone 10색상

| 47 | 43 | 42 |
|----|----|----|

| 50 | 46 | 49 |
|----|----|----|

| 48 | 41 | 43 |
|----|----|----|

| 49 | 42 | 44 |
|----|----|----|

- Dark 색조

다크색조는 저명도 중채도의 색조로 전체적으로 어둡고 딱딱하다. 경직되어 있으나 현대적이고 금속성의 메탈릭 느낌을 가지고 있어 도시적이고 진취적인 성향을 표현하는 데 효과적인 색조이다. 주로 남성용 수트, 남성용품, 전자제품, 웹디자인, 자동차 등의 현대적이고 감각적인 인테리어 배색에 많이 활용된다.

Key Word: 딱딱한, 견실한, 중후한, 지적인, 남성적인, 도시적인, 현대적인, 메탈릭, 하이테크

Dark tone 10색상

| 31 | N9 | N1.5 |
|----|----|------|

| 38 | 83 | N5 |
|----|----|----|

| 32 | N4 | 34 |
|----|----|----|

| 31 | N8 | 38 |
|----|----|----|

③ 저채도의 종류와 특징

- Whitish 색조

저채도의 색조 중 가장 밝은 색조로 유채색보다 하양이 훨씬 많이 느껴진다. 매우 차갑고 섬세한 이미지를 가진 반면 연하고 부드러운 이미지도 지니고 있어 다양한 감성어휘를 표현한다. 여리고 섬세한 이미지 표현에 주로 적용되어 신생아용품 및 의류, 낭만적인 이미지의 여성의류 등에서 볼 수 있으나 어두운 색조와 대비를 이루었을 때 경직되고 딱딱한 이미지를 연출한다.

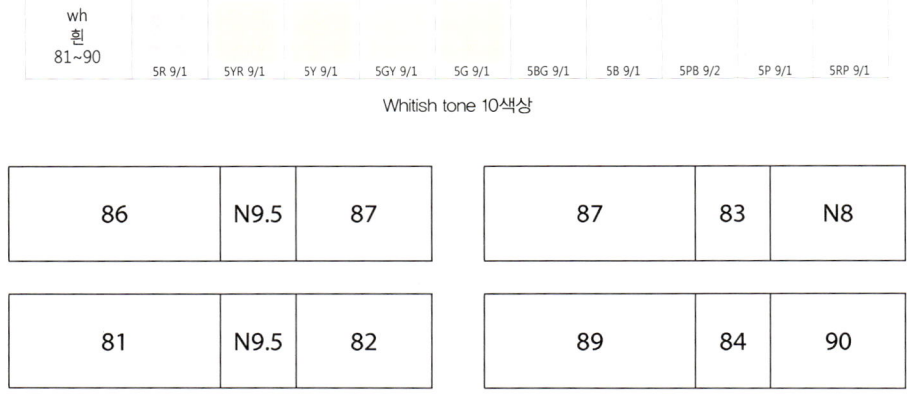

Whitish tone 10색상

| 86 | N9.5 | 87 |
|---|---|---|
| 81 | N9.5 | 82 |

| 87 | 83 | N8 |
|---|---|---|
| 89 | 84 | 90 |

- Light Grayish 색조

Whitish Tone에 검은색이 조금 가미된 색조로 명도는 밝지만 뿌옇고 흐린 이미지를 지니고 있는 색조이다. 은은하고 수수한 이미지 또는 자연스럽고 안정된 내추럴 (Natural) 이미지에 적합한 색조로 실내 인테리어나 도회적인 여성의 시크(Chic)한 이미지 연출에 효과적이다. 60대 이상의 실버계층을 상징하는 대표적인 색조이기도 하다.

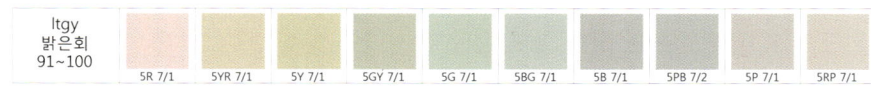

Light Grayish tone 10색상

| 99 | N7 | 100 |
|----|----|-----|

| 92 | N5 | 94 |
|----|----|-----|

| 98 | N6 | 102 |
|----|----|-----|

| 91 | N4 | 95 |
|----|----|-----|

- Grayish 색조

Light Grayish에 비해 명도가 낮은 중명도의 회색조이다. 약간 탁하고 차분하여 수수한 이미지를 주기 때문에 낡은 듯 보이는 자연스러움도 있지만 회색도시를 상징하는 색조로 정적인 표현에 효과적이다. Grayish색조는 전체적으로 탁하고 답답하게 느껴질 수 있으므로 배색 시 지루하지 않게 적절한 명도대비를 통해 변화를 주는 것이 좋으며 색상에 따라 난색계열의 배색은 자연스러운 이미지를 나타내며 한 색계열의 배색은 우아하고 세련된 도시의 이미지를 연출한다.

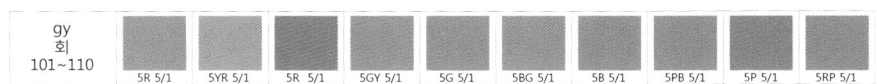

gy
회
101~110

| 5R 5/1 | 5YR 5/1 | 5R 5/1 | 5GY 5/1 | 5G 5/1 | 5BG 5/1 | 5B 5/1 | 5PB 5/1 | 5P 5/1 | 5RP 5/1 |

Grayish tone 10색상

| 102 | 92 | 103 |
|-----|----|-----|

| 108 | 97 | 109 |
|-----|----|-----|

| 109 | 82 | 110 |
|-----|----|-----|

| 104 | 93 | 106 |
|-----|----|-----|

- Dark Grayish 색조

Dark Grayish 색조는 어두운 회색조로 Grayish 색조보다 명도가 낮아 어둡고 뿌연 느낌을 주는 저채도, 저명도의 색조이다. 전체적으로 어둡고 무겁지만 Blackish 색조에 비해 부드러운 느낌이 들며 멋스럽고 전통적인 이미지를 표현하기에 좋은 색조이다. 가을과 겨울을 표현하기에 적합하고 색상에 따라 우아함, 중후함, 전통적인 이미지를 느끼게 한다.

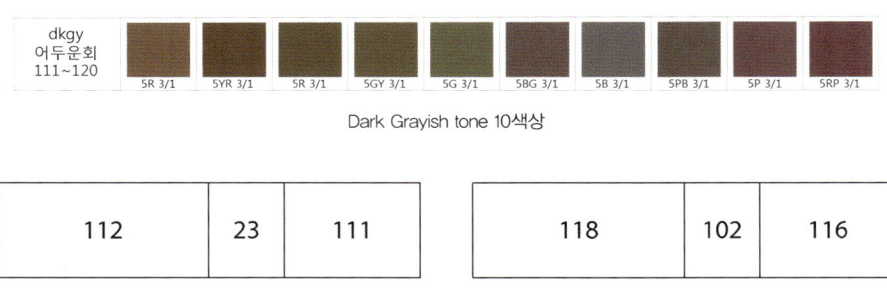

Dark Grayish tone 10색상

| 112 | 23 | 111 |
|---|---|---|
| 119 | 93 | 120 |

| 118 | 102 | 116 |
|---|---|---|
| 114 | 91 | 116 |

- Blackish 색조

Blackish 색조는 13가지 색조 중 명도가 가장 낮은 색조로 검은색이 많이 혼합되어 매우 어두운 느낌이 드는 색조이다. Dark 색조에 비해 채도가 낮아 유채색의 기미가 거의 느껴지지 않으며 딱딱하고 견고한 느낌을 지니고 있다. 명도대비 또는 채도대비를 이용한 배색 시 활용하기 좋으며 남성적이면서 견고하고 정렬된 느낌의 Formal 이미지, 채도가 높은 색조와의 결합으로 역동성이 강한 Dynamic 이미지를 연출하는 데 효과적으로 활용되는 색조이다.

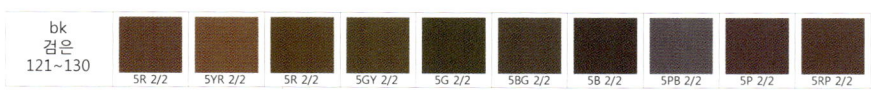

Blackish tone 10색상

| 128 | 28 | N1.5 |
|-----|-----|------|

| 129 | 10 | 130 |
|-----|-----|-----|

| 122 | N6 | 123 |
|-----|-----|-----|

| 128 | 13 | N1 |
|-----|-----|-----|

# 화훼장식
## 색채학

---

**화훼 색채의 이해**

**화훼 색채 디자인**

# PART. 2

# 화훼
# 색채학

# Ⅰ. 화훼 색채의 이해

## 1. 꽃(화훼)의 색이란?

자연계에는 아주 다양한 색의 식물들이 있다. 따뜻한 봄 햇살 아래의 노란 개나리와 진달래, 한여름 비에 젖은 수국, 가을의 단풍, 겨울 눈 속의 동백 등 다양한 색상의 꽃들이 우리 생활 주변에서 인간의 오감을 자극하고 정서생활에 많은 영향을 주고 있다. 이러한 식물(茉)의 색은 꽃잎에 함유되어 있는 색소(Pigment)의 종류나 상태에 의해서 발현된다.

이렇게 다양한 꽃의 색은 식물의 종족보존 법칙에 의하여 가루받이의 매개체인 곤충이나 새를 끌어들이기 위한 역할을 하고 있다고 추측된다.

꽃의 색은 꽃잎의 가장 바깥쪽인 '표피세포'에서 시작되며 중간의 스폰지층인 세포와 세포 사이에는 공기가 들어 있어 빛을 반사시키고 꽃 색을 보다 선명하게 해준다.

일반적으로 꽃이라 하면 꽃잎, 줄기, 잎 전부를 통칭하지만 식물학적으로 꽃의 개념은 꽃받침, 꽃잎, 수술, 암술을 포함한 화기 부분으로 색소로 인하여 특정한 색이 발현되어 특히 관상가치가 있는 부분을 의미한다. 여기에서 꽃 색이라고 하면 꽃잎의 색상만을 말한다. 그러나 일부 식물 중에는 꽃잎 이외의 부분이 변형되어 꽃잎처럼 보이는 경우도 있다. 이 경우 식물의 꽃잎과 변형된 부분까지 포함한다.


## 2. 꽃의 색소와 종류

꽃의 색소는 크게 카로티노이드계(Carotinoids), 플라보노이드계(Flavonoids), 베타레인계(Betalains), 클로로필(Chlorophyll) 4종류로 분류된다. 이들 색소는 개개의 본래 특성에 따라 발색되기도 하지만 그 밖의 다른 색소와의 혼합, 색소 주위의 산도, 꽃잎의 물리적 구조 등에 의해서 달라지기도 한다.


### 1) 카로티노이드 색소

노란색에서 등색, 등적색까지 발현한다. 카로티노이드 색소는 주로 식물의 뿌리나 열매에 들어 있으며 주홍색, 주황색, 노란색의 색소이다. 노란 민들레, 프리지어,

금잔화, 개나리, 수선화 등 노란색상의 꽃들은 대부분 이 카로티노이드에 의한 것이며 당근이나 호박 등 야채에도 카로티노이드 성분인 카로틴이 들어 있다.

카로티노이드계 색소의 꽃

2) 플라보노이드계 색소

하양에서 노랑, 주황, 적자색 그리고 청색에 이르기까지 다양한 색상을 발현하는 색소로 플라본류(flavones), 플라보놀류(flavonols), 이소플라본(isoflavone), 칼콘(calcone), 오론(aurone), 안토시아닌(anthocyanin) 등의 색소를 포함한다. 금어초, 흰색장미, 백합, 튤립, 코스모스 등 주로 하양계통의 꽃이나 크림색의 꽃들이 플라보노이드계 색소의 꽃들이며 플라보노이드계 색소 중 안토시아닌 색소는 가장 넓은 영역에 분포하는 색소로 별도로 설명하도록 한다.

– 안토시안계 색소는 주황, 빨강, 자주, 하늘색, 파랑, 검은 보라색 등을 발현하는 플로보노이드계를 대표하는 색소이다. 이 색소는 토양의 성분이 산성에서는 붉은색, 중성에서는 보라색, 알칼리성에서는 파랑으로 발색되는 성질이 있다. 사과, 딸기의 붉은색, 가을단풍의 색도 안토시안계 색소의 영향이다. 안토시안계 색소는 몇 가지 색소를 가지고 있는데, 그 종류나 비율에 따라 꽃 색상이 달라진다.

① 페랄고니진형: 대부분 주황에서 붉은 자주색 꽃의 색소이다(샐비어, 제라늄, 나팔꽃 등).
② 시아니진형: 빨강에서 주황에 이르는 색소로 수레국화의 파란색도 시아니진형에 속한다(장미, 달리아, 튤립, 코스모스 등).

③ 델피니진형: 푸른빛을 띤 빨강과 보라색을 낸다(제비꽃, 용담, 팬지, 꽃도라지 팬지 등).

플라보노이드계 색소의 꽃

### 3) 베타레인계 색소

노란색, 적색, 보라색을 발현한다. 주로 선인장과, 비름과, 분꽃과 등 한정된 식물에 들어 있는 색소로 물에 잘 녹지 않고 채송화, 분꽃, 맨드라미, 부겐벨리아, 선인장꽃 등에 들어 있다.

베타레인계 색소의 꽃

### 4) 클로로필 색소

녹색을 발현한다. 클로로필(Chlorophyll)은 고등식물에서 조류에 이르기까지 넓게 분포되어 있는 녹색 색소로 세포 내에서는 엽록체(Chloroplast)라고 불리는 작은 소기관에 존재한다. 또한 많은 꽃들이 봉오리 시기에는 클로로필을 가지고 있으나 개화 시기에는 안토시아닌이나 카로티노이드 등의 색소가 새롭게 합성되고 클로로필은 점차 소실되어 각자의 색상을 띠게 된다.

엽록소를 함유하고 있는 잎

## 3. 화훼 색채의 특징

### 1) 보는 각도에 따라 다르게 보이는 꽃의 색조

같은 색의 꽃이라도 보는 방향에 따라 색조가 달라 보이는 이유는 꽃잎의 표피구조와 연관이 있다. 표피세포의 구조에 따라 그 형태적 차이가 빛의 입사각과 반사각에 영향을 미쳐 결과적으로 꽃잎의 색조 차이를 일으키게 된다.

### 2) 진정한 하양 꽃은 존재하지 않는다

자연계에 하양 색소는 존재하지 않는다. 하양 꽃잎이 희게 보이는 이유는 꽃잎 세포 속의 기포 때문이다. 다시 말하면, 세포조직 사이에 무색투명한 공기가 들어가 작은 기포가 되어 하얗게 보이는 것이다.

### 3) 같은 색으로 보일지라도 색소는 다를 수 있다

① 노란색 꽃

흔히 노란색 꽃이라고 부르는 꽃은 진노랑부터 거의 하양에 가까운 색, 크림색, 아이보리색까지 다양하다. 노란색 꽃은 세 가지의 경우로 발색된다. 철쭉, 금어초, 달리아, 프리뮬러 등 플라본류 색소가 중심이 된 식물과 튤립, 백합, 장미 등 카로티노이드 색소가 중심이 된 식물, 플라본과 카로티노이드가 섞여서 발색된 것들이 있다.

② 오렌지색 꽃

같은 오렌지색 꽃이라도 노란색에 가까운 오렌지색은 카로티노이드에 의한 경우이고 오렌지색 제라늄처럼 안토시아닌에 의해 발색된 경우도 있다. 또한 안토시아닌과 플라본류의 조합에 의한 경우(금어초)와 안토시아닌과 카로티노이드류 조합에 의한 경우(튤립)가 있다.

③ 적색 꽃과 핑크색 꽃

일반적으로 적색 꽃은 안토시아닌 색소에 의해 발색된다. 안토시아닌의 양이 많으면 적색으로 발색되고 안토시아닌 함량이 적으면 핑크색 꽃으로 발색된다. 적색 꽃 중 약간 청색을 띠는 꽃은 청색 색소가 있는 것이 아니라 다른 보색소의 영향으로 안토시아닌이 청색을 띠게 되는 것이다.

④ 청색 꽃

안토시아닌이라는 색소는 산성에서 붉게 된다.

- 금속착체에 의한 청색: 수레국화, 자주달개비, 샐비어, 청색 수국에는 안토시아닌과 플라본 색소가 철과 마그네슘 등 금속이온의 영향으로 청색으로 발색된다.
- 보색소에 의한 청색: 아이리스, 팬지, 푸크시아, 스위트피 등에서 보이는 청색이나 청자색은 안토시아닌과 플라본 또는 플라보놀이 공존하여 나타난다. 즉, 청색이나 청자색은 적색이나 적자색의 안토시아닌에 보색소가 첨가됨으로써 발현된다. 리시안셔스, 시네라리아, 로벨리아, 나팔꽃, 델피늄 등의 꽃에서는 안토시아닌에 결합되어 있는 유기산이 보색소와 같은 작용을 하여 청색이나 청자색이 발색된다.
- PH에 의해 결정되는 청색: PH의 변화에 따라 안토시아닌의 발색도 조금씩 달라진다. 안토시아닌은 산성에서 적색, 중성에서는 자색, 알칼리성에서는 청색을 나타낸다.

4) 개화 전과 개화 후 꽃 색이 변하는 이유

대부분의 꽃들은 봉오리 시기와 개화했을 때의 색이 다르다. 꽃 색이 변하는 이유는 상당히 다양하고 복잡하다. 간단히 설명하자면 다음의 세 가지로 정리할 수 있다.

① 단순한 색 농도의 변화: 화기가 발달할 때 꽃잎의 면적이 넓어지는 속도를 색

소의 생성속도가 따라가지 못하는 경우와 식물 종에 따라 색소 생성 시기가 다르기 때문이다.

② 색조만 달라지는 경우: 안토시안이 주 색소인 적색계통의 꽃에서 많이 볼 수 있다. 장미, 튤립, 카네이션 등이다.

③ 완전히 색채가 달라지는 경우: 병꽃나무, 일부 장미 품종이 해당된다.

5) 꽃잎의 퇴색(Color Fading), 변색(Dis-Coloration)

꽃잎의 퇴색이나 변색의 원인은 여러 가지이지만 대표적으로 색소의 산화, 색소의 현격한 감소 또는 증가, PH의 변화, 탄닌 함량의 변화 등에 있는 것으로 알려져 있다.

6) 흑장미의 색

우리가 흑장미라고 부르는 장미의 검은색도 사실 엄밀히 말하면 검은색이 아니다. '적색을 띤 흑색' 또는 '보라색을 띤 흑색'이라고 볼 수 있다. 실제로 흑장미의 꽃잎에는 검은색 색소가 없고 안토시아닌이나 시아닌 색소의 함량이 매우 높아 진하게 보이기 때문에 흑색으로 보이는 것이다.

7) 수국 꽃 색의 변화

수국은 여러 가지 색을 함께 가지고 있어서 7색 꽃으로 알려져 있다. 수국의 꽃 색은 꽃이 개화함에 따라 변하는 것은 물론 해마나 다른 색의 꽃을 피우기도 하고 같은 나무 안에서도 가지마다 꽃 색이 다르기도 한다. 이러한 수국의 꽃 색상의 다양한 변화는 토양의 알루미늄 성분과 보색소의 영향 때문이라고 알려져 있다.

8) 꽃 색과 환경과의 연관성

우리의 눈에는 꽃 색이 빨간색, 노란색 등으로 보이지만 실제로 이러한 꽃잎에는 수많은 색소가 존재한다. 이 색소는 계절적 기후에 따라 또는 하루 중에도 수없이 변한다. 이는 꽃의 색이 환경에 밀접한 영향을 받는 경우로 볼 수 있다.

① 온도와 꽃 색

대부분의 경우 온도가 낮아지면 꽃 색이 진해지고 색도 깨끗하다. 또한 계절적으로는 장미의 경우 여름 꽃잎은 얇은 편이고 봄과 가을에는 두텁고 싱싱하게 보인다. 온도는 꽃잎의 표면구조에도 영향을 미친다. 여름에는 표면구조가 충분히 발달되어 있지 않고 색소의 함량도 낮아 대부분의 꽃이 옅은 색을 띠는데 흑장미도 여름에는 빨간색으로 보인다.

② 빛과 꽃 색

빛은 꽃 색에 직접적인 영향을 끼친다. 꽃잎의 색소를 만드는 데 절대적으로 필요하기 때문에  재배 시 꽃의 종류에 따라 낮의 길이, 광질 등의 요인을 섬세하게 관리하여야 한다. 또한 지나치게 강한 빛은 꽃 색에 마이너스 요인으로 작용하기 때문에 일부 차광이 필요하다.

③ 시비(施肥) 관리와 꽃 색

시비를 어떻게 하느냐는 꽃 색과 품질에 결정적 영향을 미친다. 비료의 3요소 중 질소비료는 엽록소를 만드는 데 중요한 역할을 하고 인산비료는 꽃 색의 발현에 중요한 역할을 한다. 인산을 충분히 주면 꽃잎이 두터워지고 스펀지층이 치밀하게 되어 화색을 높이게 된다. 그러나 일부 화훼류에 따라서는 꽃이 핀 후에는 시비를 중단하는 것이 좋은 경우도 있다.

## 4. 화훼의 감성적 색채 이미지

# RED 빨간색 꽃

꽃의 색소 중 안토시안계 색소가 많아지면 빨간색 꽃이 되고 적으면 핑크색 꽃이 된다. 안토시안계 색소에 의한 빨간색 꽃은 장미, 모란, 홍매화, 달리아 등이 있다. 빨강은 정열적이면서 자극적이고 따뜻하게 느껴지는 반면, 위험이나 경고의 의미가 되기도 한다. 모든 색채 중에서 빨강은 가장 큰 매력을 지니고 있는 색으로 자신감, 힘, 생동감을 나타내는 반면 에로틱, 욕망, 흥분의 뜻을 내포하고 있다. 빨간색은 톤 변화에 따라 하양을 많이 섞어서 색조가 연하게 변하여 핑크색계열이 되면 부드럽고 여성스러우며 낭만적인 느낌이 된다. 핑크색은 달콤함, 로맨틱, 소녀다움의 이미지를 갖고 있어서 약혼식 장식 등 낭만적인 작품에 주로 쓰인다. 빨강의 색조가 약간 어둡게 변하면 권위가 있고, 품위 있는 부유한 색으로 인식된다.

화훼디자인에 있어서 연인들 사이에 주고받는 프러포즈용 또는 강렬한 느낌의 상품 제작에는 고채도의 빨간색 장미를 주재료로 사용하고 약혼식과 여성스러움의 표현은 핑크색 꽃, 부유함과 고품격의 디자인이 요구될 때는 어두운 빨간색을 주로 사용한다.

아마릴리스, 안수리움, 천일홍, 샐비어, 제라늄, 튤립, 맨드라미, 히비스커스, 베고니아, 포인세티아, 작약, 글라디올러스

# ORANGE 주황색 꽃

주황색 꽃은 두 가지 색소에 의해서 발색된다. 노란빛의 주황색은 카로티노이드계 색소에 의한 것이고 붉은빛의 주황색은 펠랄고지닌형 안토시안계 색소에 의한 것이다.

주황은 빨강과 노랑의 중간색으로 따뜻하고 활기찬 느낌을 준다. 주황색은 과일 오렌지의 색이기도 해서 오렌지색이라고도 불리며 식욕을 돋우는 색으로 인식되어 있다. 주황색은 색조의 변화에 따라 다양한 느낌을 표현한다.

색조가 연하고 약해지면서 베이지색이 되면 편안하고 밝은 느낌을 주고 색조가 어두워져서 갈색이 되면 가을을 연상시키고 풍부함의 상징이며 흙의 색이기도 하다. 그래서 갈색은 자연적이고 편안한 이미지를 갖는다. 클래식한 가구들이 대부분 갈색으로 되어 있는 것은 갈색의 클래식하고 중후한 이미지 때문이다. 더러 갈색은 맛좋은 색으로도 연상되는데 잘 구워진 갈색 빵과 쿠키, 초콜릿 등에서 볼 수 있기 때문이다.

꽃에서의 주황은 꽃의 색이기도 하지만 주로 잘 익은 열매, 가을의 단풍 등에서 많이 볼 수 있는 색이다. 화훼장식에서 무채색계열의 포장재나 화기와 함께 주황색 꽃을 다량의 뭉치(Mass)로 표현하면 아카데믹하고 전문적인(Professional) 이미지를 연출할 수 있다.

샌더소니아, 나리, 극락조화, 메리골드, 홍화, 금잔화, 맨드라미, 잉글랜드포피, 달리아

# YELLOW

## 노란색 꽃

자연계의 노란 꽃은 옅은 노랑에서 주황색에 가까운 노랑까지 다양한데 대부분의 노란색의 꽃은 플라본계 색소와 카로티노이드계 색소에 의하여 발색된다. 플라본계 색소에 의한 노란꽃은 금어초, 달리아, 카네이션, 글라디올러스 등이 있다. 노란색 꽃은 밝고 따뜻한 이미지, 역동적이며 명랑한 느낌을 준다. 노랑은 첫 출발의 의미로도 많이 사용되기 때문에 유치원생들의 입학식에 노란 프리지어 꽃다발이 많이 선택되기도 한다.

아시아권에서는 메탈릭 노랑인 황금색이 부와 권위를 나타내는 색으로 인식되기 때문에 우리나라에서는 해바라기 꽃이 부(富)의 상징으로 여겨져 한때 주부들의 선호도가 폭발적으로 증가하기도 했다. 흐린 날이나 비 오는 날에 명도와 채도가 높은 노란색의 꽃은 아주 상큼하고 생동감 있는 느낌을 준다. 노란색은 행복감, 즐거움의 이미지를 갖고 있는 반면에 질투, 경박한 느낌을 갖기도 하며 이별이나 질투를 나타내는 뜻으로 해석되어 연인들 사이에서는 기피하는 색이기도 하다.

노란 코스모스, 기린초, 메리골드, 크로커스, 솔리다고, 수선화, 미모사, 개나리, 라넌큘러스, 온시디움, 스위트설탄, 루드베키아, 금어초, 나리, 해바라기, 프리지어, 민들레, 달맞이꽃, 황매화, 칼라릴리

# GREEN

초록색 꽃

식물에서의 초록색은 카로티노이드 색소와 안토시안계 색소에 의한 것도 있지만 대부분 클로로필이라고 하는 엽록소에 의하여 발색된다. 이 클로로필은 꽃이 봉오리일 때는 꽃잎에 많이 들어 있지만 꽃이 필 무렵에 다른 색소의 영향으로 급속도로 소멸된다. 그중 초록색 꽃은 개화시기에도 그대로 클로로필이 남아 초록색으로 보이는 것이다.

식물에서의 초록색은 대부분 줄기나 잎에서 찾을 수 있지만 심비디움, 수국, 카네이션 등의 꽃에서도 볼 수 있다. 꽃 이외에도 익지 않은 보리, 어린 열매(청미래덩굴) 등에서 멋진 초록색 소재들을 찾을 수 있다. 중성색인 초록에서 연상되는 이미지는 자연의 푸름, 생명력, 신선함, 봄, 초원, 숲 등이다.

사람의 눈이 피로할 때 초록색을 보면 눈의 피로가 풀린다고 할 만큼 초록색은 자연의 색이고 우리가 가장 친숙하게 느끼는 색이기도 하다.

잔디, 풀, 나뭇잎, 어린 열매, 안수리움, 양란, 카네이션, 시미디움, 수국, 풍선초, 백일초, 모르셀라

# BLUE 파란색 꽃

꽃 색상이 파랗게 발색하는 이유는 토양의 수분에 포함되어 있는 금속염과 깊은 관계가 있다. 안토시안계 색소의 함유량에 따라 진하고 예쁜 파란색을 내거나 무색이나 옅은 노란색의 플라본계 색소와의 혼합에 의해 블루스타, 리시안셔스(유스토마), 꽃창포 같은 옅은 파랑이나 진한 파란색을 발현시키기도 한다.

대부분의 사람들이 좋아하는 파란색은 차가운 느낌과 함께 조용하면서 차분한 느낌을 주는 색으로 집중할 수 있게 도와주는 색이다. 또한 파란색이 회사의 로고, 광고나 비즈니스 마케팅에 자주 사용되는 이유는 신뢰감과 신용을 의미하는 색이기 때문이다. 파랑의 색조가 밝아지면 다이나믹하고 드라마틱하며 상쾌한 분위기가 나고 색조가 어두워지면 무겁고 우울하고 침체된 느낌을 준다.

화훼장식에서는 델피늄이나 아가판서스, 아코니텀, 수국 등에서 구할 수 있는 꽃의 색채이며 다른 색상에 비하여 파란색의 꽃 종류가 많지 않으므로 포장지나 리본, 액세서리 등의 부소재를 활용하여 표현하면 좋고 다른 여러 가지 색들과 함께 배색할 때 파란색 부분을 화기로 연출하는 것도 좋은 방법이다.

수국, 히아신스,
블루스타, 무스카리,
용담, 물망초,
아가판서스, 델피늄,
에키놉스, 꽃창포, 니게라

# PURPLE 보라색 꽃

보라색 꽃은 시아니진형 안토시안계 색소와 델피니진형 안토시안계 색소에 의해 발색한다. 이 두 가지 색소량의 비율에 따라 붉은색을 띤 보라와 푸른색을 띤 보라색으로 발색된다. 보라색은 라벤더, 등꽃, 스타티스 등의 꽃에서 볼 수 있으며 보라색이 지닌 신비스러운 분위기와 귀한 색상의 이미지로 다른 여러 가지 색상과의 조화보다 독자적인 매력을 표현할 수 있는 뭉치(Mass) 디자인이 효과적이다. 보라는 구하기 어려운 염료라는 인식 때문에 옛날부터 왕의 색 또는 귀족색으로 불린다. 우아하고 화려하며 관능적인 느낌을 갖고 있는 동시에 외로움과 슬픔을 느끼게 하는 색인 보라색은 색조가 연해지면 로맨틱한 분위기를 연상시키고 색조가 어두운 진한 보라는 장엄하고 위엄이 있는 색이 된다.

보라색을 사용할 때는 빨강계열의 보라(Red-Purple)와 파랑계열의 보라(Blue-Purple)의 이미지가 서로 다르므로 잘 구분해서 사용해야 한다.

독일붓꽃, 델피늄, 팬지, 라일락, 라벤더, 수국, 도라지, 캄파눌라, 반다, 루피너스, 리아트리스, 스타치스, 클레마티스, 공작초, 알리움, 아네모네, 벌개미취, 리시안셔스(유스토마), 과꽃, 비비추, 꽃창포, 제비꽃, 맥문동, 등꽃나무, 스카비오사, 아게라텀

# PINK

## 핑크색 꽃

붉은색 꽃의 색소 중 안토시안계 색소가 적어지면 핑크색 꽃이 된다. 핑크색 꽃은 시장에 출시된 꽃 중 거의 모든 꽃에서 볼 수 있을 만큼 흔한 색상이다. 그만큼 소비자들에게 많이 선호되는 색상이기도 하다. 핑크색 꽃은 주로 로맨틱한 이미지 연출에 적합한 색상이지만 색조가 흐려져 회색조 핑크가 되면 배색에 따라 우아하며 도회적인 연출이 가능하다. 색상에서의 핑크색은 빨강색계통에서 명도가 높은 색과 자주색에 하양이 많이 섞인 색 두 가지가 있다.

낭만적 이미지의 대표적인 색이며 밝은 핑크색은 부드러운 인상을 주기 때문에 유아용품에서 주로 많이 쓰인다. 빨강의 높은 명도인 핑크는 따뜻한 느낌, 자주색의 높은 명도인 핑크는 시원한 느낌이 난다. 이 점을 잘 구분해서 사용하면 낭만적이며 부드러운 배색에 효과적으로 쓸 수 있다.

복숭아꽃, 벚꽃,
아네모네,
알스트로메리아,
코스모스, 시크라맨,
푸크시아, 데이지,
심비디움, 호접란,
달리아, 수국, 나리,
히아신스, 스토크, 철쭉,
아스틸베, 캄파눌라,
천일홍, 스타티스, 연꽃,
작약, 쿠르쿠마,
루피너스, 왁스플라워,
패랭이꽃

# WHITE

## 하양 꽃

식물에서의 하양은 순백의 하양보다는 조금 미색을 띠거나 옅은 연두색을 띠는 경우 또는 옅은 핑크색을 띠고 있는 경우가 대부분이다. 하양게 보이는 꽃에는 옅은 노란색을 발색하는 플라본계 색소가 미량 들어있기도 하지만 꽃잎의 표피 사이에 있는 스폰지 상태의 세포에 들어 있는 공기 기포에 비추어진 빛이 난반사를 일으켜 사람들 눈에 하얗게 보이는 경우가 대부분이다. 하양은 청정함과 순결, 평화의 색이다. 그래서 예로부터 웨딩드레스는 대부분 하양을 사용한다. 하양이 지나치게 많으면 공허감이나 지루함을 느끼게 하지만 약간의 다른 색채가 혼합된 하양은 따뜻한 느낌을 줄 수도 있다.

하양 꽃들은 독자적으로 모던한 감각과 깨끗한 이미지로 표현되기도 하고 다른 색상과의 배색에서 밝기(Tint)를 조절하는 역할에 쓰인다.

설류화, 조팝나무, 리시안셔스(유스토마), 프리지어, 부바르디아, 숙근안개초, 델피늄, 옥잠화, 재스민, 샤스타데이지, 마가렛, 범의꼬리, 칼라릴리, 레이스플라워, 라넌큘러스, 수련, 나팔나리, 은방울꽃, 치자꽃, 스토크

# BLACK 검은색 꽃

　검정은 무겁고 어둡고 우울한 느낌 때문에 슬픔을 느끼게 하는 색이다. 검은색은 밤과 죽음의 이미지로 불길한 색으로 연상되기도 한다. 하지만 검정은 힘이나 무게를 연상시키는 색이라서 고가의 물건이나 차 등에서 가장 많이 쓰인다.

　검은색은 하양, 회색과 함께 가장 클래식하면서 모던한 색으로 유채색 사이에 사용하면 다른 색들을 더 선명하게 보이게 하는 효과가 있다(분리배색 효과).

　또한 하양, 검은색, 회색 등 무채색은 현대적인 감각의 공간디자인, 또는 꽃다발이나 꽃바구니 등 상품을 제작할 때에 포장지, 액세서리를 검은색으로 활용하면 의외의 아주 멋진 효과를 기대할 수 있다.

　생화에서는 거의 찾아보기 어려운 색이므로 숯이나 돌(화산석), 구슬, 리본, 포장지, 화기 등으로 표현하면 좋다. 최근에는 짙은 자주색 칼라릴리, 검은 보라색 석죽, 옥스퍼드 같은 꽃에서 검은색 느낌을 찾을 수 있다.

# ETC
## 기타색 꽃

　화훼식물에서 색채를 분류하기란 매우 어려움이 있다. 미술 색채에서는 색채 계획에 맞게 색을 조색해 낼 수 있지만 화훼 색채는 그렇지 못하다. 이미 조물주께서 창조하신 화훼식물을 매체로 작업할 뿐 식물 자체의 색상을 만들어 낼 수 없기 때문에 원하는 색채 표현에 한계가 있다. 그래서 화훼 색채 디자인에 있어서 화훼식물의 색채를 분석하는 일은 너무도 중요하다.

　또한 화훼식물 한 종류의 품종에 한 가지 색상만 있는 경우가 드물다. 예를 들어 장미꽃 한 송이에는 보색이론을 설명할 수 있을 만큼 빨강과 초록 또는 청록색의 줄기와 잎의 색이 있다. 또한 해바라기 한 송이에서도 유사색상 이론을 설명할 수 있다. 그런가 하면 하나의 꽃잎이나 잎에서도 여러 가지 색상을 볼 수 있고 꽃잎의 끝 부분과 중앙 부분의 색상이 다르고 같은 꽃잎에서도 보는 각도에 따라 여러 가지 색상으로 보인다. 이런 점이 화훼 색채를 표현하는 데 어려운 점이지만 화훼식물을 면밀히 살피고 배색하는 훈련을 쌓는다면 효과적인 배색이 가능하리라 본다. 화훼식물 색채에서는 전체적인 느낌의 색상을 중심으로 하고 같이 보이는 색상도 놓치지 말고 배색이론에 맞게 꽃을 조합한다. 화훼식물의 배색은 물리적인 배색보다는 감성적인 이미지배색 이론이 보다 효과적으로 적용될 수 있다. 따라서 화훼 색채 디자인의 전문가가 되기 위해서는 끊임없는 반복적, 감각적 훈련이 필요하다.

(한 송이에 여러 색상이 있는 꽃, 잎들) 알스트로메리아, 안수리움, 카네이션 종류, 양란, 잎베고니아, 코르디리네, 크로톤잎, 트리칼라

# II. 화훼 색채 디자인

## 1. 색채학과 화훼 디자인

1) 색의 3속성 이론에 따른 화훼 디자인

순수한 색의 이름인 색상, 색의 밝기를 나타내는 명도, 색의 순수한 정도를 가리키는 채도, 이 세 가지를 색의 3속성(성질)이라고 한다. 색의 가장 기본적인 이론인 색의 3가지 성질을 다양한 종류의 식물들로 표현해 본다.

① 색상환 만들기(Wreath, Kranz)

먼셀 색체계에서의 기본 색상환을 10가지 화훼식물로 표현하는 작업이다. 색상을 순서별로 둥글게 고리형으로 나열한 것을 색상환이라고 하는데 화훼장식 분야에서는 리스(Wreath)라는 이름으로 자주 사용된다.

도넛 형태로 구성된 둥근 장식물 Wreath(영)는 Kranz(독), 화환(花環)의 이름으로도 불리는 디자인 형태로 원형으로 만드는 장식이다. 화훼장식 역사상 가장 오래된 디자인 형식으로 영원하다는 뜻을 가지고 있어 고대에 망자(亡者)의 무덤에 장식했던 장식물이었으며 그리스 시대에는 전쟁에서의 승리자나 명예로운 시민에게 걸어주는 장식이었다.

최근에는 문 앞에 걸거나 사람의 목에 걸어서 환영과 기쁨의 뜻을 전하는 용도로 사용되며 테이블 장식, 선물용 상품으로도 많은 사랑을 받는 디자인 형식이다.

- 제작

원형의 플로랄폼을 물에 적신 후 윗면을 둥글게 깎아서 반원형이 되게 한다. 플로랄폼의 윗면을 균등하게 10등분 한 후 먼셀의 기본 10가지 색상에 맞는 화훼소재를 준비하여 둥글게 꽂는다. 이때 채도는 통일시키는 것이 좋으며 화훼식물 소재로 구하기 어려운 청록, 블루 등의 색채는 리본이나 장식품으로 구성한다.

먼셀의 10색상환을 화훼식물로 표현한 작품(청록색은 깃털, 남보라색은 리본으로 표현)

- 응용

채도를 달리한 화훼소재들로 여러 개의 리스를 제작한다. 명도와 채도가 다른 리스들을 동일한 공간에 장식하면 통일감과 함께 변화도 즐길 수 있다.

채도를 통일시킨 리스 작품

채도를 통일시킨 리스 작품

② 명도단계 표현

저명도 검은색부터 고명도 하양까지의 무채색 단계를 순서대로 표현하는 작업이다. 검은색과 회색의 꽃은 쉽게 구할 수 없으므로 포장지나 화기, 리본으로 장식하고 회색 꽃으로 꼭 표현해야 하는 경우 하양 꽃에 디자인 스프레이(생화용)를 사용하여 표현한다. 또한 유채색의 명도단계 표현도 시도해 볼 만하다.

- 제작: 무채색의 명도단계 표현

현실적으로 찾기 어려운 무채색계열의 생화를 대신해서 스티로폼 볼을 이용하여
명도 차이를 표현한 작품이다. 아크릴물감을 이용해서 원형의 스티로폼 볼을 채색
한 다음 명도 단계별로 차례대로 공간을 메워나간다.

무채색의 명도 표현은 화훼식물만으로 표현하기 어려우므로 스티로폼 볼을 채색해서 표현한 작품이다.

- 응용

검은색과 회색의 포장지를 여러 장 겹쳐서 하양 꽃을 포장한 꽃다발 작품은 또 다
른 느낌의 명도단계를 표현할 수 있는 멋진 작품이 된다.

포장지의 선택에 있어서 명도단계를 느낄 수 있도록 디자인한 작품

③ 채도단계 표현

하나의 순색을 기준으로 무채색의 비율을 점점 높여가면서 채도가 변하는 과정을
화훼식물로 표현하는 것이다. 명도단계와 마찬가지로 식물소재로 표현하기 어려운
채도단계는 생화 위에 직접 생화용 물감(디자이너스 마스터)을 사용해서 표현한다.

- 제작

색상은 통일시키고 채도만 다른 여러 가지의 화훼식물을 준비하여 채도별로 분리하여 장식한다. 디자인 형태는 높낮이가 없이 평평하고 빼곡하게 장식하는 파베(Pave) 디자인이나 비더마이어(Bieder Meier) 디자인으로 표현한다.

동일색상에서 채도의 변화를 주어 표현한 작품

다양한 채도의 변화를 한 작품에 표현한 디자인

- 응용

다양한 채도의 화훼식물을 이용하여 서로 다른 동심원을 그리듯이 둥글게 부케를 만들기도 한다. 동심원으로 구성한 둥근 부케는 주로 향기가 좋은 꽃들로 제작해서 중세시대에 병이나 나쁜 기운으로부터 보호를 받는 향기치료의 목적으로 쓰였다. 이를 터지머지(Tuzzy Muzzy) 부케라고 한다.

터지머지 부케

## 2. 화훼 색채의 배색

화훼 색채의 배색은 일반 염료를 이용한 배색만큼 자유롭지 못하다. 일반적인 염료를 이용한 색채의 배색은 사용자가 원하는 색을 조색하여 쉽게 표현할 수 있지만 화훼 색채의 배색은 이미 발색되어 있는 식물 고유의 색을 가지고 배색을 해야 하기 때문에 배색함에 있어 많은 어려움이 따른다. 또한 화훼식물의 색채는 동일한 품종이더라도 생육조건에 따라 화색이 달리 발색되는 경우가 있고, 꽃 한 송이에 여러 가지 색이 표현되거나 무늬가 있는 경우가 있어 그 색을 정확히 측정하는 데 많은 어려움이 있다. 그리고 무엇보다도 꽃잎은 반투명성을 가지고 있어 빛을 받는 각도에 따라 색이 다르게 보이기 때문에 화훼 색채를 배색할 때는 많은 주의를 기울여 배색을 해야 한다.

### 1) 배색의 구성요소 및 비율

**기조색**(Base Color)

배색의 대상에서 가장먼저 고려되어야 할 색채이다. 주로 바탕색이나 배경색이 되며 전체 색 중에서 가장 억제된 색을 사용한다.

**보조색**(Assort Color)

주조색에 이어 두 번째로 많은 양과 면적을 차지하는 색이다. 주조색을 보조하는 역할을 하며 이 경우 동일, 유사, 대비, 보색 등의 관계가 성립된다. 전체의 약 20~40%의 비율로 사용한다.

**강조색**(Accent Color)

장식색이라고도 한다. 전체 중 차지하는 비율은 가장 낮지만 배색 중에서 가장 눈에 띄는 색으로 전체 색조에 긴장감을 주거나 시선을 집중시키는 효과가 있다. 배색면적 중 10% 이내로 사용하는 것이 일반적이다.

**주조색**(Dominant Color)

배색에 직접적으로 관여하는 색 중 가장 넓은 면적에 해당하거나 배색의 주된 이미지를 표현하는 색을 의미한다. 가장 많은 면적을 차지하여 전체 작품의 이미지 표현에 영향을 미치며 전체 배색면적의 50~70%를 차지한다.

2) 배색의 종류

① 색상 배색

배색의 기준을 여러 가지 색상 관계에서 찾는 방법이다.


– 동일, 유사 색상의 배색

하나의 색상에서 색조의 변화를 주어 배색하는 동일색상의 배색과 여러 가지 색상을 순환(循環)구조로 나열한 색상환에서 기준색상의 양옆에 위치한 색상들의 구성으로 배색하는 유사색상의 배색은 편안하고 부드러운 배색을 표현할 수 있다.

노랑(Y), 주황(YR), 연두(GY)까지의 유사색상을 이용한 배색

– 반대, 보색 색상의 배색

색상환 위에서 멀리 또는 대각선으로 마주 보고 있는 색상끼리의 배색으로 반대색 또는 보색의 염료를 섞으면 무채색이나 갈색이 발색된다. 반대색상이나 보색색상의 배색은 명료성이 높아지고 활기찬 배색이 되나 색상의 대비가 강하여 자칫 딱딱하고 격에 맞지 않는 배색이 될 수 있으니 주의해야 한다.

노랑(Y), 보라(P)의 인접 보색상을 이용한 배색

② 색조(Tone) 배색

색조배색에 기준이 되는 KS 색체계의 유채색과 명도 채도의 상호관계(KS Hue & Tone)를 근거로 배색하는 방법이다. KS 색체계의 Tone은 전체 13가지로 구분되며 Vivid, Light, 기본, Deep, Pale, Soft, Dull, Dark, Whitish, Light Grayish, Grayish, Dark Grayish, Blackish의 명칭으로 불린다.

– 톤온톤(Tone on Tone) 배색

톤온톤 배색은 '톤을 겹치다'라는 뜻으로 동일색상을 사용하면서 톤의 차이를 크게 두어 배색하는 방법이다. 색상으로 통일성을 표현하고 색조 차이로 극적인 효과를 연출한다. 간혹 인접(유사)색상을 명도 차이를 두어 배색하기도 한다.

– 톤인톤(Tone in Tone) 배색

톤인톤 배색은 동일한 톤으로 동일한 색상이나 색상 차를 약간 두어 배색하는 방법
이다. 전체적으로 톤을 통일시키기 때문에 부드럽고 온화한 효과를 표현할 수 있다.

– 토널(Tonal) 배색

톤인톤 배색과 비슷하지만 토널 배색은 중명도와 중채도의 차분한 톤(Dull, Grayish 등)으로 배색하기 때문에 차분하고 안정된 효과를 표현할 수 있다.

③ 이미지 배색

배색의 효과를 형용사 이미지 스케일에서 찾는 방법이다. 이미지 스케일은 부드러운(Soft), 딱딱한(Hard), 차가운(Cool), 따뜻한(Warm)의 네 개의 축을 기준으로 좌표로 형성되어 좌표의 위치에 따라 여러 가지 이미지로 표현되는 데 감성적인 작업인 화훼장식에 있어 가장 효율적인 배색 이론이라고 생각된다.

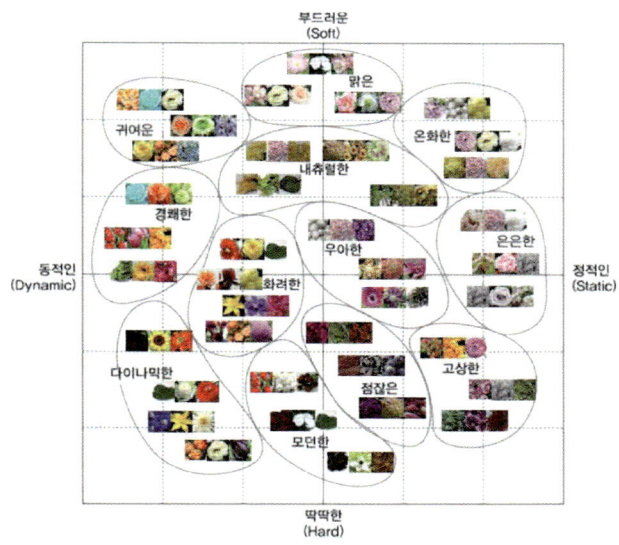

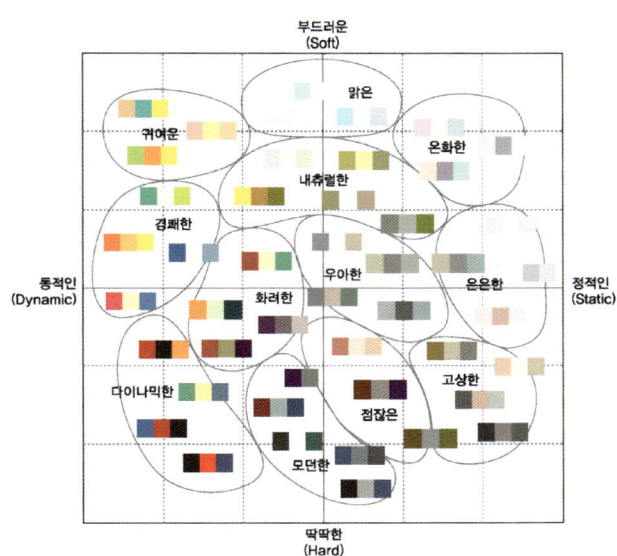

④ 분리 배색

세퍼레이션(Separation) 효과라고도 하는 배색 이론으로 2색 또는 다색의 배색에서 그 배색의 효과가 애매하거나 지나치게 대조가 강한 경우 인접한 색 사이에 분리색을 삽입하여 조화롭게 배색하는 방법이다. 주로 분리색은 무채색이나 채도가 낮은 색조를 활용한다.

회색의 포장지를 꽃다발과 무늬 포장지의 중간에 덧대어 분리배색하였다.

⑤ 강조 배색

　단조로운 배색에 대조적인 색을 소량 첨가하여 배색에 활기를 주는 방법이다. 주로 주조색과 대조적인 색상이나 색조를 사용하게 된다.

원색조(Vivid Tone)의 노랑(Y), 주황(YR)을 사용한 유사색조 배색에
반대색상인 파란색과 연한 색조(Pale Tone)의 노랑(Y)을 이용하여 강조 배색하였다.

⑥ 연속 배색

그라데이션(Gradation) 효과라고도 하는 배색으로 색채의 조화로운 배열에 의해 시각적인 효과를 주는 배색 방법이다. 색상, 명도, 채도단계의 변화를 등간격으로 표현하는 것이 일반적이다.

– 색상의 그라데이션

동일한 톤에서 선택된 색상에 의한 그라데이션 배색으로 색상환의 순환구조를 활용하여 표현하게 되며 색상 간의 색차는 동일하게 적용시키는 것이 효과적이다.

- 명도의 그라데이션

밝고 어두움의 단계를 일정한 간격을 두고 배색하는 기법으로 무채색, 유채색의 명도 그라데이션 2가지가 있다. 명도 차를 1.5~2.5 정도 두어서 배색 효과를 나타내면 효과적이다.

■ 무채색의 명도 그라데이션

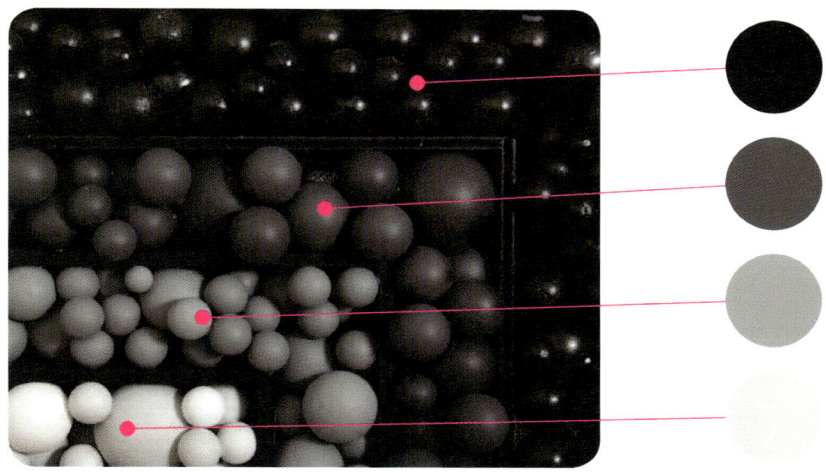

■ 유채색의 명도 그라데이션

– 채도의 그라데이션

무채색에서부터 유채색으로의 점진적인 변화과정을 표현한 배색 효과이다. 다른 그라데이션 효과와 마찬가지로 일정한 간격을 유지하여 표현하면 그 효과가 높다.

- 톤의 그라데이션

KS Hue & Tone에서 가장 인접한 색조끼리 배열하여 점차적인 변화를 표시하는
배색 효과이다.

⑦ 반복 배색

두 가지 색 이상을 사용하면서 통일감이 결여된 배색에 반복적인 질서를 주면서
조화를 표현하는 배색 방법이다.

# 3. 계절과 색채 이미지

## 1) 사계절의 색(Seasonal Color)

사계절의 색은 색의 감성적 이미지, 특히 온도감을 이용하여 사계절의 감성에 맞추어 분류한 것으로 패션이나 제품 색채는 물론 퍼스널 컬러 시스템(Personal Color System)의 가장 기본이 되는 원리로 적용된다. 계절별 색채 분류방식은 감성 표현이 주가 되는 화훼 색채 표현에 있어서도 중요한 원리로 활용할 수 있다. 계절 색채는 따뜻함(Warm)과 차가움(Cool)의 이미지를 Yellow Base와 Blue Base를 기준으로 분류하는 데 따뜻한 느낌으로 분류된 색은 봄과 가을의 특징에 맞게 세분화하고 차가운 느낌의 색은 여름과 겨울의 특징에 맞게 구분하여 표현한다. 화훼장식에 있어서 사계절의 색은 계절별 상품디자인을 개발하는 데 활용될 수 있으며 선물 받는 사람의 퍼스널컬러를 상품 제작에 적용시켜 독창적인 상품을 제작할 수 있다.

### ① Warm & Cool(따뜻함과 차가움)

사계절의 색을 분류하기 위해서는 색채에서 느껴지는 온도감에서 따뜻한 느낌과 차가운 느낌으로 먼저 분류해야 한다. 따뜻함과 차가운 느낌의 색은 색상환에서 중성색인 녹색과 자주를 기준으로 하여 구분하게 되며 아래 그림과 같다.

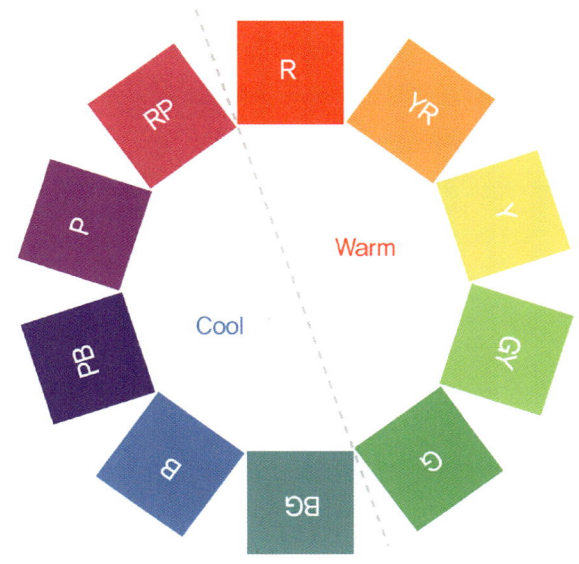

따뜻함과 차가운 색상을 분석해 보면 따뜻한 색에는 노랑의 기미가 많이 느껴지고 차가운 느낌의 색에는 파랑의 기미가 많이 느껴지는 것을 알 수 있다.

하지만 색의 따뜻함과 차가움은 명도와 채도에 따라 그 감성이 달리 표현될 수 있으므로 차가움과 따뜻함의 이미지를 KS 색체계의 13가지 색조별로 구분하여 분류하면 아래와 같다.

Warm(따뜻함)          Cool(차가움)

Warm & Cool 색상분류

Cool                                        Warm

빨강계열 색상의 온도감

② 사계절 색조와 이미지

사계절 색의 특징을 색의 3속성별로 분류해 놓은 것으로 각 계절의 느낌에 맞추어 연상되는 색채의 특성 나타낸다.

| 색의 3속성<br>계절 분류 | 색상 | 명도 | 채도 |
|---|---|---|---|
| 봄 | Warm | Light | Clear |
| 여름 | Cool | Light | Mute |
| 가을 | Warm | Deep & Dark | Mute |
| 겨울 | Cool | Dark | Clear |

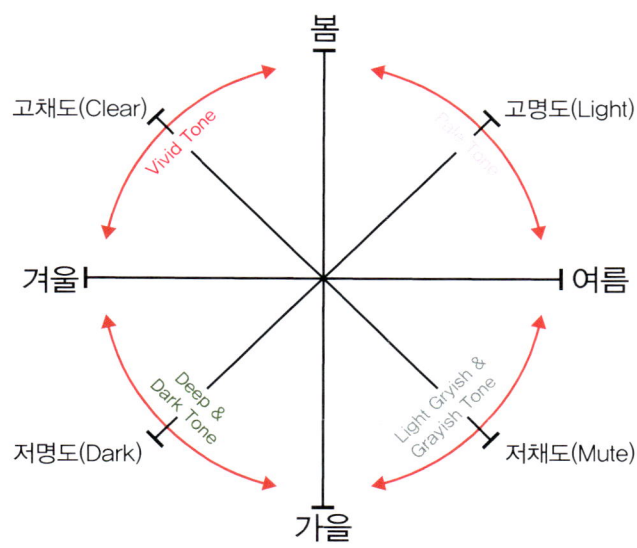

사계절 이미지와 색조의 관계

2) 계절별 색채 이미지를 활용한 화훼 작품 연출

① 봄의 색채 이미지를 활용한 화훼 작품

봄은 파릇파릇한 새싹과 개나리, 하늘하늘한 새틴(Satin) 재질의 낭만적인 느낌의 여성의류 등을 연상시킨다. 이러한 봄의 감성을 색의 3속성으로 분석해보면, 색상은 빨강, 노랑, 주황, 연두, 명도는 고명도를 주로 사용하며 채도는 대체적으로 맑아 봄의 배색은 밝고 로맨틱하며 명랑하고 귀여운 느낌을 표현하게 된다.

| 색상(Color) | Warm(Yellow base) |
|---|---|
| 명도(Value) | 고명도 ~ 중명도(전체적으로 밝음) |
| 채도(Chroma) | 고채도 ~ 중채도(전체적으로 맑음) |
| 색조(Tone) | Vivid(선명한), Light(밝은), Pale(연한) |

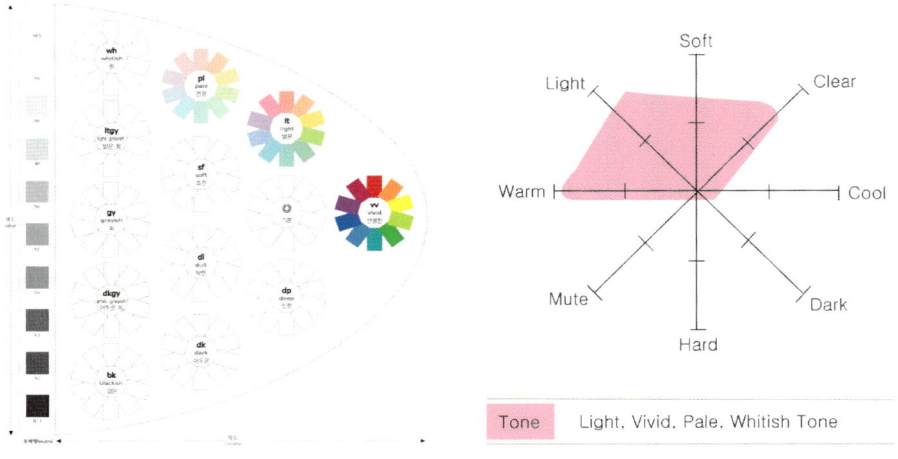

봄의 색조표

봄의 색채 감성 그래프

봄의 밝고 귀여운 이미지 상품 디자인

봄의 로맨틱 이미지 신부 부케

② 여름의 색채 이미지를 활용한 화훼 작품

여름은 뜨거운 태양과 시원한 바다, 그리고 시원한 음료수와 얼음조각이 몹시 생
각나는 계절이다. 무더운 여름을 시원하게 해줄 수 있는 감성을 지닌 색은 누가 뭐

라고 해도 바다를 연상시키는 파랑과 녹음(綠陰)을 연상시키는 초록이라고 할 수 있다. 여름의 상징 색채를 색의 3속성으로 분석해보면, 색상은 파랑, 청록, 보라가 주를 이루고 명도는 밝고 채도는 다소 하양과 밝은 회색이 많이 섞여 흐릿한 색으로서 채도가 낮은 것이 특징이다.

| 색상(Color) | Cool(Blue base) |
|---|---|
| 명도(Value) | 고명도 ~ 중명도(전체적으로 밝음) |
| 채도(Chroma) | 중채도 ~ 저채도(전체적으로 흐릿함) |
| 색조(Tone) | Grayish(회색조), Pale(연한), Soft(부드러운), Light Grayish(밝은 회색조), Dull(탁한) |

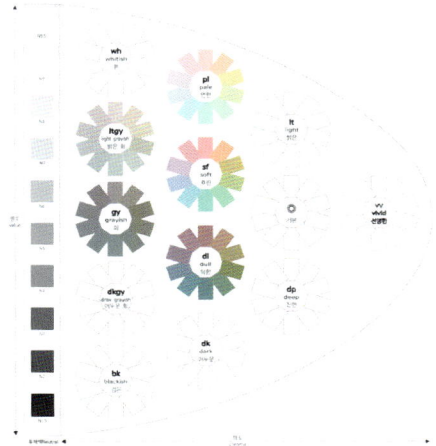

여름의 색조표

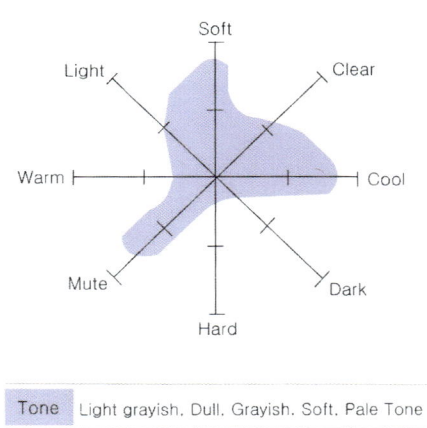

Tone  Light grayish, Dull, Grayish, Soft, Pale Tone

여름의 색채 감성 그래프

여름의 로맨틱 이미지 신부 부케

여름의 시원한 이미지 공간 장식

③ 가을의 색채 이미지를 활용한 화훼 작품

가을 하면 알록달록한 빨강, 노랑의 단풍과 낙엽, 그리고 추수를 기다리는 황금빛 벼가 가득한 논이 연상될 것이다. 따라서 가을을 대표하는 색은 황금빛 노랑, 주황, 짙은 빨강이다. 조금 더 구체적으로 가을을 대표하는 색을 분석해보면, 색상은 빨강, 주황, 노랑, 연두를 주로 사용하며 검은색 또는 어두운 회색이 많이 섞여 대체적으로 명도가 낮고 채도가 낮아 둔탁한 느낌이 든다.

| 색상(Color) | Warm(Yellow base) |
|---|---|
| 명도(Value) | 중명도 ~ 저명도(전체적으로 어두움) |
| 채도(Chroma) | 중채도 ~ 저채도(전체적으로 탁함) |
| 색조(Tone) | Deep(깊은), 기본, Grayish(회색조), Dark Grayish(어두운 회색조), Dull(탁한) |

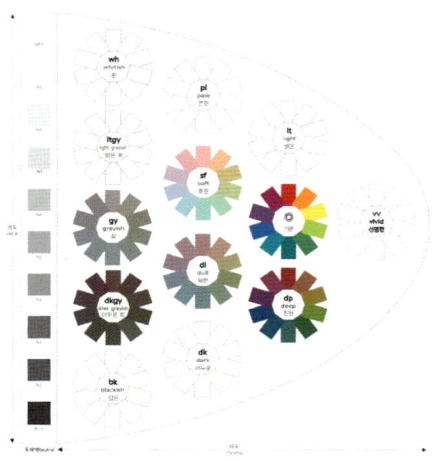

가을의 색조표

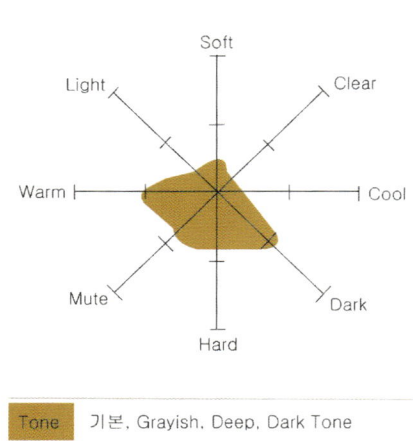

가을의 색채 감성 그래프

가을의 화려한 이미지 상품 디자인

가을의 자연적인 이미지 꽃다발

④ 겨울의 색채 이미지를 활용한 화훼 작품

겨울은 하얀 눈 속에 핀 빨간 동백꽃 한 송이를 연상시키는 깨끗함과 따뜻한 벽난로와 양탄자, 그리고 두꺼운 스웨터를 연상시킨다. 연상이미지에서 알 수 있듯이 겨울을 상징하는 색은 하양이 많이 섞이거나 검정이 많이 섞인 색으로 명도의 대비와 채도의 대비가 강한 배색이 주를 이룬다. 겨울의 색을 좀 더 구체적으로 분석해 보면, 색상은 빨강, 파랑, 보라, 자주가 주를 이루며 명도는 아주 밝거나 아주 어두운 명도가 사용된다. 채도는 하양과 검은색이 많이 섞여 대체적으로 낮은 채도를 사용하지만 강조색의 경우 선명한 색조(Vivid)를 사용하기 때문에 채도가 높은 색을 사용하기도 한다.

| 색상(Color) | Cool(Blue base), 기조색(Black) |
|---|---|
| 명도(Value) | 고명도, 중명도, 저명도(전체적으로 매우 밝거나 매우 어두움) |
| 채도(Chroma) | 고채도 또는 저채도(아주 맑거나 아주 탁함) |
| 색조(Tone) | Vivid(선명한), Whitish(흰), Dark(어두운), Blackish(검정), Dark Grayish(어두운 회색조) |

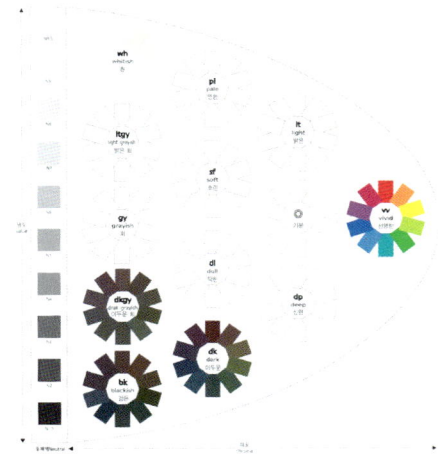

겨울의 색조표

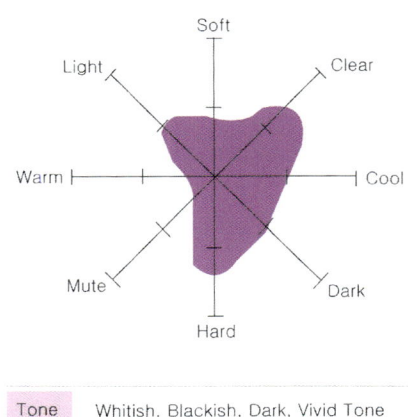

겨울의 색채 감성 그래프

겨울의 역동적인 이미지 상품 디자인

겨울의 깨끗한 이미지 공간 장식

## 4. 감성어휘와 화훼 색채 배색

색은 보는 이에 따라서 조금씩 서로 다른 주관적 해석을 하게 되는데 이는 사람들의 개개인에 따라 색을 접해온 문화, 환경, 경험 등에 차이가 있기 때문이다. 하지만 문화나 지역, 민족성 등에 따라 색은 객관성도 지니고 있다. 이러한 색의 객관성은 공통분모에 속한 사람들에게 유사한 느낌을 부여하고 통일된 문화를 형성시키는 매우 중요한 역할을 하고 있다. 최근 이러한 색의 객관성은 기업들의 다양한 마케팅 수단으로 활용되고 있으며 기업의 CI(Corporation Identity), BI(Brand Identity)를 시작으로 기업이 상징하고 추구하는 이미지를 색으로 표현하는 것을 기본으로 고객층의 선호도 분석, 문화수준, 거주 지역의 특성 등 사회적 제반 요소들의 분석을 통하여 다양한 계층들에게 각각 적합한 색채 마케팅을 진행하고 있다.

최근 들어 색채 마케팅은 제품 디자인과 상품의 판매촉진 수단으로 활용될 뿐만 아니라 금융기업 및 신용상품을 판매하는 업체들에 이르기까지 다양한 계층의 타깃 컬러를 적용하여 마케팅을 시도하고 있다. 현재 색채 마케팅에 있어서 색에 대한 주관적 이미지나 느낌을 보다 객관적인 기준에 의해 분석하고 평가하기 위한 연구가 계속 진행되고 있으며 색의 객관성을 기준으로 다양한 감성어휘로 설명되는 색채의 활용이 증가하고 있다.

이와 같은 색의 객관성은 앞서 설명한 색상과 색조의 정서적 특징을 바탕으로 개발되고 있으며, 이를 상황에 맞게 적절하게 적용시켜 사용하는 것이 보다 바람직한 색의 활용법이 될 수 있다.

본 교재에서는 I.R.I 색채연구소에서 개발한 'I.R.I 배색 Image Scale'을 바탕으로 화색(花色)을 적용시켜 감성어휘를 이용한 배색 이미지를 설명하고 KS 색체계를 활용하여 감성어휘에 따른 색상과 색조의 특성을 제시하였다.

KS 표준색 C&D155 Tone

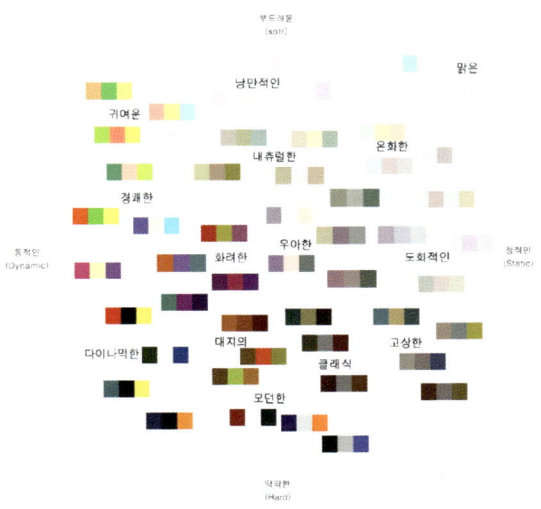

감성어휘 Scale

# 감성어휘에 따른 화훼장식의 색상과 조형형태 및 활용범위

| 감성어휘 | 색상 | | 조형형태 | 용도 | 연상이미지 |
|---|---|---|---|---|---|
| | 색조 | | | | |
| 낭만적인 (Romantic) | R, YG, O, P, rP, G | | 하트모양, 반구형, 토피어리볼 등 | 약혼식, 결혼식 등 웨딩 관련 장식 | 낭만, 사랑스러운, 소녀, 신비스러운 |
| | Whitish, Pale | | | | |
| 맑고 깨끗한 (Clean & Clear) | BG, B, bV, White | | 피닉스(Phoenix), 스탠딩 어레인지먼트 (Standing Arrangement) | 여름 실내장식, 상쾌하고 시원한 연출 | 청결, 시원, 순수 |
| | Whitish, Pale | | | | |
| 귀여운 (Pretty) | R, Y, O, YG, B | | 기하학적 형태, 소형 Mass 디자인, 하트모양, 반구형, 부화(浮花) | 돌잔치, 유아 대상 행사, 청소년 생일파티 | 어린아이의 모습, 발랄, 귀여움 |
| | Light, Pale | | | | |
| 경쾌한 (Casual) | 색상대비 활용 | | Cross Line, Free Line | 야외 이벤트 장식, 기업 행사 장식 | 경쾌함, 명랑, 활발, 생동감 있는 |
| | Vivid, 기본, Light | | | | |
| 자연적인 (Natural) | R, O, Y, G, B | | 식생적 구성(Vegetative), 대각선 구성(Diagonal Line) | 주거 공간, 사무 공간, 휴식 공간 | 부드러움, 편안함, 자연스러운 |
| | Soft, Dull, Deep, Grayish | | | | |
| 우아한 (Elegant) | P, rP, Y, BG | | 장식적 구성 (Decorative) | 선물용, 숙녀복 매장 디스플레이, 주거 공간 | 우아한, 여성스러운, 기품 있는 여인 |
| | Light Grayish, Grayish, Dull, Pale | | | | |
| 온화한 (Comfortable) | O, Y, YG, G, B | | 번칭 & 번들 기법, 핸드타이드 부케, 낮은 수평적 디자인 | 주거 공간 장식, 병원, 은행 등의 공간 장식, 식탁 장식 | 편안한, 안락한, 따사로운 |
| | Whitish, Pale, Soft | | | | |
| 도회적인 (Chic) | bV, P, B, BG, 무채색 | | 집약(Mass) 구성, 단순 구성, 직선 구성 | Information, 접견실, 회의실 | 간결함, 도시의, 멋스러운, 차가움 |
| | Light Grayish, Grayish, Dull, Dark Grayish | | | | |
| 화려한 (Gorgeous) | R, O, Y, BG, P, rP, B | | 다양한 형태 | 고급레스토랑 공간 장식, 인테리어 포인트 장식 | 화려한, 요염한, 고혹적인, 호화스러운 |
| | 기본색조, Vivid, Deep, Dark, Dull | | | | |
| 역동적인 (Dynamic) | R, O, Y, G, bV, Bk | | 구조적 구성(Structure), 수직 구성 | 넓은 공간의 장식, 무대 장식 | 역동적인 힘, 열정, 과격한 |
| | Blackish, Dark, 기본색조 | | | | |

| | | | | |
|---|---|---|---|---|
| 현대적인 (Modern) | White, Gy, Black, R, O, bV, G, B, Y, <br><br>Blackish, Whitish, Vivid, Dark Grayish | 수직과 수평의 단순한 구성, 집약(Mass) 구성, 기하학적 형태의 구성 | 화훼조형, 설치디자인, 디자인 사무실 장식 | 전문적, 딱딱한, 극명한, 감각적인, 차갑고 냉철함, 정적인 |
| 고전적인 (Classic) | O, Y, G, bV, <br><br>Deep, Dark, Blackish, Dark Grayish | Mass 구성, 기하학적 형태의 구성, 수평적 구성 | 주거 공간 장식, 식탁 장식 선물용 꽃장식 | 중후함, 존엄함, 고풍스러운 |
| 대지의 (Earthy) | R, O, Y <br><br>Deep, Dull, Dark, 기본색조, Dark Grayish | 파베(Mass), 텍스츄어(Texture), 콜라주(Collage) | 자연 친화적인 디자인, 베이커리 매장 디스플레이 | 대지, 가을, 풍요로운, 구수함 |
| 고상한 (Noble) | R, O, Y, BG, B <br><br>Dull, Grayish, Dark Grayish | Mass 구성 | 백화점 디스플레이, 고급 레스토랑 센터피스 | 귀족적인, 기품 있는, 부유한, 고급스러운 |

1) 밝고 부드러운 이미지

① 낭만적인 이미지(Romantic Image)

낭만적인 이미지의 배색은 봄꽃을 연상시키는 우아하고 연한 색조(파스텔톤)처럼 부드럽다. 낭만적인 이미지의 컬러 배합을 위해 기본이 되는 색은 빨강이다. 빨간색에 하양을 섞으면 빨간색에서 느껴지는 정열적이고 열정적인 이미지를 다정하고 사랑스럽고 부드러운 이미지의 색조로 만들 수 있다. 낭만적인 분홍색은 연한 라벤더색, 연한 보라색, 연한 하늘색, 연두색, 복숭아색, 그리고 노란색 등의 다른 파스텔 색조들과도 잘 어울린다. 이런 연한 색조들은 여성스러운 색조들로 프랑스의 오뷔송융단 카펫을 연상시키기도 하고 중국 골동품 도자기색 같은 분위기를 주며 드가(Dega)나 프라고나르드(Fragonard)의 그림을 연상케 한다.

- 패션

패션에서의 낭만적인 이미지는 색상으로 표현하기도 하지만 프릴, 레이스, 자수 등의 장식으로도 표현이 가능하다.

- 실내장식

실내공간에서의 낭만적인 이미지는 꽃무늬 벽지, 레이스 커튼, 분홍색조의 침대보, 그리고 쿠션 등의 각종 소품들을 이용하여 부분적으로 파스텔색조를 사용해 줌으로써 포인트를 주어 공간을 연출할 수 있다. 형태적으로는 부드러운 곡선으로 표현이 가능하다.

- 화훼장식

화훼장식에서는 결혼식이나 프러포즈 등을 위한 공간 장식에 로맨틱한 이미지를 주로 사용한다. 낭만적인 분위기의 표현은 분홍계열 장미, 르레브(Le Reve) 백합, 분홍색 작약, 리시안서스(Ustoma) 등 파스텔계열의 꽃, 소재, 화기에 같거나 비슷한 색조의 소재를 매치시키는 톤온톤 배색 기법을 적용하면 효과적으로 연출할 수 있으며 형태는 하트모양 디자인이나 토피어리볼, 작은 리스 등이 권장된다.

낭만적 이미지

② 맑고 깨끗한 이미지(Clean & Clear Image)

맑고 깨끗한 이미지 색의 배색은 선명하거나 어둡고 진한 색조보다는 밝고 연한 색조를 주로 사용한다. 색조는 연한(Pale) 색조와 흰(Whitish) 색조를 주로 사용하는데 색상보다는 색조의 이미지가 깨끗하고 시원한 색의 배합을 만들기가 용이하기 때문이다. 깨끗하고 시원한 색의 이미지는 투명, 순수, 산뜻함과 더불어 가볍고 상쾌한 분위기를 나타낸다. 숲 속의 맑은 공기, 유리컵에 들어 있는 얼음물과 같이 차갑고 투명한 것들에서 느낄 수 있다. 또한 파스텔색조의 부드러운 블라우스, 연하고 투명한 커튼 사이로 비치는 햇살과 같이 따뜻하지만 투명한 느낌의 사물에서도 이러한 이미지를 느낄 수 있다. 깨끗하고 시원한 색의 배합 중에 하양을 사용해 깨끗한 느낌을 준 배색과 각각의 개성을 살리는 하양과 파란색의 배색으로 시원하고 상쾌한 이미지를 연출할 수 있다. 또한 초록계열의 색상에 톤의 변화만으로 배색하거나 차가운 한색계열의 색상에 하양이나 초록을 조합시켜 배색하기도 한다. 더운 여름 실내 장식으로 효과적이고 상쾌함이나 청량감을 연출하고 싶을 때 맑고 깨끗한 이미지를 사용한다.

– 패션

의상에서의 깨끗하고 시원한 이미지는 여름옷에 잘 어울린다.


– 실내장식

맑고 깨끗한 색의 배합은 침실, 테라스, 욕실 등의 실내장식에 적합하고 주로 청결하고 깨끗함을 유지해야 하는 장소에 많이 적용된다.


– 화훼장식

화훼장식에서는 하양 글라디올러스 한 다발에 파란색 리본 장식만으로도 표현할 수 있고 한 아름의 숙근안개초에 녹색 잎 소재만으로도 연출할 수 있다. 그 외 깨끗하고 시원한 이미지 표현에 적합한 화훼식물 소재로는 델피늄, 카사블랑카, 아가판서스, 하양 카네이션, 수국 등이 있다. 형태적 표현으로는 시원하게 위로 뻗은 선이 개성 있는 피닉스 디자인, 길게 세워서 연출할 수 있는 스탠딩 디자인이 맑고 깨끗한 이미지를 잘 표현할 수 있다.

맑고 깨끗한 이미지

③ 귀여운 이미지(Pretty Image)

귀여운 이미지의 배색은 빨간색, 주황색, 노란색, 연두색 같은 난색계열이 주로 사용된다. 따뜻하고 밝은 색상을 서로 배색하면 귀엽고 경쾌하며, 밝고 명랑한 이미지를 표현할 수 있다. 귀여운 이미지는 노란색 비옷을 입고 뛰어가는 아이들의 모습에서 느껴지는 명랑하고 사랑스러운 이미지이다. 명랑하고 아기자기한 분위기의 표현은 밝고 선명한 색조의 노란색, 빨간색, 연두색 등을 사용하고 여기에 다양한 강조색을 사용하면 통통 튀는 발랄하고 귀여운 이미지를 표현할 수 있다. 또한 밝고 부드러운 색에 반대 색상을 소량 넣으면 귀여운 이미지 배합의 폭이 넓어지는데 분홍색과 보라색을 사용하면 달콤함이 섞인 느낌을 표현할 수 있고 초록색과 파란색을 사용하면 리듬감이 추가되며 주의를 집중하는 효과도 얻을 수도 있다.

- 패션

귀여운 느낌의 배색은 유아, 아동을 대상으로 하는 경우에 주로 사용되며 키덜트(Kidult)족을 위한 상품 디자인에서도 볼 수 있다. 밝고 사랑스러우며 귀여움을 강조하는 유아복, 아동복디자인에 많이 활용되는 배색 이미지이다.

- 실내장식

생기발랄하며 활기차고 유쾌한 이미지가 필요한 유아의 방이나 유치원 등의 실내장식 색채 계획에서도 많이 적용되는 이미지이다.

- 화훼장식

화훼장식에서 귀여운 이미지는 돌잔치, 청소년의 생일 파티, 칵테일 파티 등의 연출이나 유아들을 대상으로 진행하는 행사 장식 색채 표현에 적합하다. 또한 색채 치료적 측면에서 따뜻한 난색 배색이 절대적으로 필요한 노인들을 위한 공간의 화훼장식으로도 적극 권장된다.

귀여운 이미지의 화훼장식은 중간 크기의 중간 채도의 장미, 카네이션 등의 소재에 골든볼, 드럼 스틱처럼 귀여운 느낌의 소재와 풍선, 동물모형 같은 부소재를 배합시키면 효과적이며, 표현 형태는 기하학적 형태의 장식적 디자인, 볼형, 뭉치로 꽂는 매스 디자인이 적합하다.

귀여운 이미지

④ 경쾌한 이미지(Casual Image)

경쾌한 이미지는 주로 난색이 사용되나 난색과 한색의 색상대비로 표현된다고 할 수도 있다. 밝고 건강한 느낌의 표현으로 Vivid, 기본색조, Light 색조가 주조색조로 사용되며 경쾌한 이미지를 효과적으로 표현하기 위해서는 색상 차를 과감하게 배색한다.

- 패션

경쾌한 이미지는 주로 생동감이 넘치는 봄의 계절상품이나 스포츠 의류, 유아동복에서 많이 볼 수 있으며 귀여운 이미지보다 좀 더 선명한 색조들을 활용하는 것이 차이점이라고 할 수 있다.

- 실내장식

식기류 등과 홈패션 상품들에서 흔하게 볼 수 있는 배색으로 원목가구와 함께 계획되는 톡톡 튀는 감성이 느껴지는 인테리어에 효과적이다. 특히나 시인성이 요구되는 국기, CI, 사인물 등에 자주 사용되는 대중성을 가진 이미지라고도 할 수 있다.

- 화훼장식

화훼장식에서의 경쾌한 이미지는 색채 배색만으로도 적극성과 즐거움, 흥미로움을 느낄 수 있기 때문에 야외에서 진행되는 이벤트나 파티, 기업 행사 등의 장식에 어울린다. 경쾌한 이미지 표현에는 약간 채도가 높은 식물소재들로 자유로운 선을 표현하는 Free Line이나 Cross Line 등의 조형형태와 소재 자체의 경쾌한 선을 이용해서 표현할 수도 있다.

경쾌한 이미지

⑤ 자연적인 이미지(Natural Image)

자연적인 이미지의 배색은 자연 본래의 색을 기본으로 하여 자연에서 느껴지는 포근하고 부드러우며 자유롭고 친근한 느낌을 주는 색조로 구성된다. 인위적으로 꾸미거나 멋을 내지 않고 자연 그대로의 순수한 아름다움과 편안함을 느낄 수 있는 배합으로써 우호적이고 친근한 느낌을 주는 주황색을 중심으로 포근하고 차분하며 소박함을 느끼게 하는 색이 주조색이 되어 중성화된 다양한 색조들과 함께 자연적인 이미지를 표현할 수 있다. 베이지, 아이보리, 녹색으로 표현되는 자연적인 이미지는 자연소재인 나무, 풀, 돌, 토기 등을 함께 배치하거나 수공예품을 부소재로 사용하면 자연 친화적인 느낌을 배가시킬 수 있다.

- 패션

패션에서는 천연소재인 면, 마 등의 수직물의 옷감을 이용한 소박한 디자인의 옷이나 넉넉하면서 멋스러운 실루엣으로 편안한 스타일과 자연스러운 느낌을 내는 디자인의 옷에 화려한 장신구를 배제한다면 자연적인 이미지를 연출할 수 있다.

– 실내장식

실내장식에서는 특별한 장식이나 꾸밈없이 소박한 자연스러운 모습 그대로의 직선이나 부드러운 곡선 등의 형태를 살려 디자인한 가구를 배치하고 소박하고 투박한 조명이나 따뜻함을 느낄 수 있는 수수한 톤의 벽지, 커튼 등을 배색하면 자연적인 이미지를 표현할 수 있다.

– 화훼장식

화훼장식에서 자연적인 이미지는 추수감사절에 어울리는 배색 이미지로 자연 건조소재인 수수, 조, 옥수수, 갈대 등과 주황색이 나는 노박덩굴(까치밥), 명감나무열매들을 이용하면 좋고 맨드라미, 해바라기, 국화 등의 다양한 종류의 꽃으로 풍성한 자연의 결실에 감사하는 마음을 담아 자연적인 이미지의 장식을 할 수 있다. 형태적으로는 인위적인 디자인을 배제하고 소재의 특성 그대로를 살려 식물의 생장과정을 표현하는 식생적 구성이나 바람에 기울어진 자연스러운 대각선 구성이 잘 어울린다. 자연적인 이미지를 잘 표현하기 위해서는 화기의 선택도 중요하다. 금속성이나 인공적인 느낌은 피하고 수수한 느낌의 질그릇이나 초벌구이 도자기, 등나무로 짠 바구니 등이 좋다.

자연적인 이미지

⑥ 우아한 이미지(Elegant Image)

우아한 이미지는 연하고 밝으며 약간 뿌연 색조로 표현한다. 역동적이고 선명한 노란색에 하양과 섞으면 크림색이 만들어지는데 이 색조를 실내 벽장식에 사용하게 되면 빛을 반사하여 밝은 금빛의 방에 던져진 것 같은 효과를 나타내고 넓게 보이는 효과가 있어 즐겨 사용하는 색채이다. 진주, 캐시미어 스웨터, 밝은 금발 머리 등의 고전적인 패션에서 파스텔색조를 자주 찾아볼 수 있다. 이러한 색조 배합은 도자기, 고급 크리스털, 화려하고 얇은 커튼, 얇고 하늘거리는 리넨(荏) 등에 사용되면 반투명한 느낌과 우아한 이미지를 준다. 한편 우아한 이미지의 색 배합은 지적이고 차분한 멋을 표현할 수도 있다.

우아한 이미지의 배색은 밝은 보라색계열과 옅은 회색이 감도는 보라, 부드러운 민트 그린이나 채도가 낮고 하양이 많이 감도는 노란색들의 배색을 통해 표현할 수 있다. 즉, 차분한 톤의 주조색과 약간 어두운 톤의 보조색을 사용하면 더욱 효과적으로 표현할 수 있다.


- 패션

고급스럽고 우아한 패션 디자인에서는 부드러운 실크, 새틴 등 약간 광택이 있는 소재에 약간의 진주와 퍼(Fur)를 곁들여 표현한다.


- 실내장식

실내장식에서의 우아한 이미지 표현은 가는 기둥, 완만한 곡선, 섬세한 장식적 특성 등이 있다. 반투명한 색조를 이용하여 얇은 섬유, 유리, 반사하는 가구나 소품들을 이용하여 실내장식을 하면 실내공간에서도 우아한 이미지를 잘 표현할 수 있다.


- 화훼장식

화훼장식에서 우아한 이미지표현에는 부드러운 크림색, 하양, 뿌옇고 연한 색조의 파란색, 보라색 등의 꽃을 주로 이용하는데 이러한 꽃들은 초여름에 나오는 경우가 많다. 대표적인 꽃으로는 고명도 중채도인 연보라색, 크림색의 튤립, 델피늄, 리시안서스, 보라색계열의 장미 등이 있다. 또한 실버 화기에 반투명한 색조의 리본이나 포장지 등을 이용하면 우아한 이미지를 더욱 효과적으로 표현할 수 있다.

우아한 이미지

⑦ 온화한 이미지(Comfortable Image)

온화한 색의 배색은 주로 파스텔색조로 이루어진다. 복숭아색과 주황색에 하양을 많이 섞어서 배합하면 온화한 이미지의 색조를 만들 수 있다. 온화한 색의 배합은 일반적으로 안락함, 조용함, 편안하고 눈에 띄지 않기 위해 절제하는 느낌을 준다. 복숭아색은 향기 있는 색이고 심미적인 색이며 매력적인 색으로 눈에 피로를 주지 않으며 거의 피부색과 같은 색이다. 소프트한 색의 배합은 스파, 미용실, 식당, 주택이나 호텔의 실내장식에 많이 사용된다.

편안하고 안락함을 함축시킨 이 색의 배합은 그래픽 디자인이나 인테리어에서 거의 한계 없이 이용된다. 이 색조의 배합은 로맨틱하다는 뉘앙스로 인해서 순수미술이나 응용미술, 정물화, 화훼장식에서 전반적으로 자주 사용된다. 전시회의 초청장, 쇼핑백, 섬유예술, 실내장식 또는 그림 등에 부드러운 색의 배합을 사용하면 서두르지 않으면서 강한 호소력을 갖는다.

- 패션

온화한 이미지 색의 배합은 여성적이고 섬세하며 달콤하고 감미로운 이미지를 주기 때문에 패션에서 흔하게 볼 수 있고 커튼, 침구류 등 홈패션의 디자인에도 활용도가 높은 배색 이미지이다.

- 실내장식

특별히 눈에 띄지 않는 특성 때문에 편안하고 질리지 않아서 실내장식에서도 부드러운 색조를 많이 이용한다. 큰 범위의 부분에 계획적으로 부드러운 색조들을 사용하면 환상적이거나 낭만적인 이미지를 이끌어낼 수도 있다.

- 화훼장식

화훼장식에서 온화한 이미지를 표현하려면 작고 귀여운 돔 스타일이나 볼 형태의 장식이 어울린다. 또한 소재의 은닉이 매력적인 쉘터드 디자인 표현에 이 소프트 이미지 배색을 하면 그 느낌이 배가된다. 출산 선물용 꽃다발, 백일 축하용 바구니, 어린이 생일 등과 같이 부드러운 실내공간 연출에 잘 어울린다.

온화한 이미지

2) 강한 느낌의 이미지

① 도회적인 이미지(Chic Image)

도회적인 이미지는 채도가 낮은 Grayish, Dark Grayish 색조를 이용하여 차분하면서 세련된 이미지를 표현한다. 중명도부터 저명도의 회색조가 사용되며 매우 차갑고 이지적인 이미지를 연출한다. 이성적인 냉철함, 도시의 이미지에서 연상되는 전문성, 지성 등을 상징하는 Blue 색상을 기준으로 남색(bluish Violet), 자주(red Purple), 청록

(Blue Green) 등이 주조색상으로 사용된다.

도회적인 이미지의 배색은 전문적인 공간의 인테리어, 30~40대의 직장인들을 대상으로 하는 의류 및 제품 디자인에서 주로 찾아볼 수 있다. 보라(P)와 자주(rP)를 주조색상으로 활용한 배색에서는 우아한 여성미가 느껴지고 블루(B)와 남색(bV)을 주조색상으로 활용한 배색에서는 지적인 남성미가 느껴지는 특징이 있다.

- 패션

패션에서는 전문적인 성향을 돋보이게 하는 배색으로 많이 활용되고 있으며 남성보다는 여성에게 적용시켰을 때 그 효과가 훨씬 크게 느껴진다. 하지만 너무 차분하고 냉철한 이미지를 줄 수 있으므로 구두, 핸드백, 행커치프, 넥타이 등의 액세서리를 채도가 높은 색조로 선택하면 활기차고 세련된 이미지를 부각시킬 수 있다.

- 실내장식

도회적인 이미지는 최근 인테리어에 가장 많이 활용되고 있는 배색 방법으로 면직, 옥스퍼드지, 마섬유 등으로 주로 표현되며 노출 콘크리트, 부식된 동판 등을 활용하면 그 이미지를 배가시킬 수 있다.

- 화훼장식

화훼장식에서의 도회적인 이미지는 간결하고 단정한 이미지표현으로 Grayish, Dark Grayish색조의 수국, 칼라릴리, 클레마티스, 브루니아, 작약을 주소재로 하여 소재를 대량으로 집합시키는 집합구성(Mass)이나 1~2종만의 소재로 구성하는 단순구성이 효과적이다. 주로 기업의 안내데스크 또는 접견실이나 회의실 장식 등에 활용하는 것이 좋으며 감각적인 작업을 하는 디자인 관련 직종의 실내장식에 적합하다.

도회적인 이미지

② 화려한 이미지(Gorgeous Image)

화려한 이미지 배색은 보라색, 자주색을 기본으로 노란색, 빨간색, 검은색, 청록색 등을 더하여 완성된다. 기본, Deep, Dark 등의 색조가 주로 이용되며 유럽 귀족의 색이라 불리는 보라색과 황금색이 화려한 이미지의 대표색이다. 순수한 보라색은 보라의 원재료가 값비싼 조개류에서 추출되기 때문에 예로부터 부와 힘을 상징하게 되었고 권위의 색이 되었다. 기독교를 숭상하던 로마 시대 때 왕과 왕비, 왕의 계승자는 보라색 복장을 입었고 고위 성직자는 옷에 보라색 레이스를 사용했다. 주로 화려한 색의 배합은 고상하고 요염한 느낌을 내는 보라색과 청보라색의 채도 높은 색을 중심으로 배색되고 여기에 황색계열의 색과 약간 어두운 청색계열의 색을 같이 배색하면 호화로움을 연출할 수 있다.

- 패션

화려한 느낌의 패션은 여성스러움과 우아함을 지향하며 도시적이고 세련된 느낌을 표현할 수 있는 실크나 시폰 등의 소재를 사용하고 색채는 골드, 실버, 보라색, 자주색 등에 무채색을 섞은 어두운 톤을 사용하여 연출할 수 있으며 반짝이는 스팽글, 화려한 금색의 액세서리를 곁들이면 화려한 이미지를 한층 더 부각시킬 수 있다.

- 실내장식

화려한 이미지의 실내장식은 상업공간인 바, 호텔, 고급 레스토랑 등에 잘 어울린다. 화려한 골드 장식에 크리스털을 장식한 샹들리에나 화려한 색감의 양탄자, 화기 등을 이용하면 화려한 이미지를 표현할 수 있다.

- 화훼장식

화훼장식에서는 반짝이는 재질의 화기에 화려한 느낌의 글로리오사, 안수리움, 벨벳 느낌의 키가 큰 장미(보르도, 블랙 바카라, 몬테카를로스 등)를 주소재로 표현할 수 있으며 표현 형태는 모든 조형 형태가 가능하다. 고급 레스토랑의 공간 장식, 벽면 인테리어 중 포인트를 주고 싶을 때 적용되는 이미지이다.

화려한 이미지

③ 역동적인 이미지(Dynamic Image)

역동적인 이미지 색의 배색은 주로 빨간색, 주황색, 노란색과 검은색 등과 같이 강렬하고 자극적인 느낌을 주는 색상을 중심으로 채도가 높은 원색계열의 색상들이 사용된다. 고채도의 색상을 사용하면 활기차고 활동적인 이미지를 표현할 수 있고 보색관계를 강조하면 보다 강하고 힘있는 표현을 할 수 있다. 역동적인 이미지는 용수철처럼 튕겨 오를 것 같은 힘, 용광로 안에 타오르는 쇳물의 이미지처럼 강렬한 에너지를 연상시킨다. 대담함, 강렬함, 역동성, 활동성, 강한 에너지 등을 강조한 이미지이기 때문에 주로 역동적인 스포츠웨어나 레포츠용품에서 느낄 수 있다.

- 패션

역동적인 이미지의 패션 디자인은 주로 운동복이나 등산복 등 아웃도어 브랜드의 상품에서 볼 수 있으며 활동적인 측면을 강조하는 디자인으로 젊음과 자유로움을 강조하고 실용적인 디자인에 적합하다.

- 실내장식

스포츠 센터나 놀이방 등 움직임이 강한 특성을 갖는 동적인 장소의 실내장식에 어울린다.

- 화훼장식

화훼장식에서 역동적인 이미지를 표현하려면 저채도와 고채도의 소재를 대비적으로 혼합하여 배색하며 조형 형태는 구조적(Structure) 구성과 수직을 강조한 직선 구성, 스탠딩 어레인지먼트 등 힘이 느껴지는 디자인이 적합하고 넓고 큰 공간의 장식으로 활용가치가 높다.

역동적인 이미지

④ 현대적인 이미지(Modern Image)

현대적인 이미지는 20세기의 모더니즘과 미니멀리즘에서 비롯된다. 모더니즘은 모든 장식성과 복잡성을 배제하고 단순성과 순수성을 추구하며 기존 스타일과는 달리 새롭고 특이한 디자인을 지적인 멋으로 표현한다. 현대적인 이미지 색의 배합은 무채색계열의 색상을 기본으로 대비되는 강한 배색을 사용하여 진취적이고 개성적이며 도회적인 이미지를 표현한다. 현대적인 이미지의 배색은 다량의 무채색과 소량의 유채색을 같이 배색하면 냉정하고 분석적이며 전문적인 느낌을 강조할 수 있고 단순미, 절제미를 추구할 수 있다. 하양과 검정, 회색의 무채색을 주조색으로 하고 빨강이나 파랑, 주황 등의 고채도의 순색을 강조색으로 사용하면 현대적인 이미지를 잘 표현할 수 있다. 현대적인 이미지의 대표적인 예로 몬드리안의 그림을 들 수 있는데 검은색의 수직 · 수평선과 단순한 순색의 구성이 주는 느낌과 검은색과 하양, 선명한 빨간색과 파란색의 대비로 도회적인 느낌을 표현할 수 있다.

- 패션

패션에서는 절제된 듯한 세련된 감각을 주기 위해 짧은 머리 스타일에 검은색 옷을 입고 실버톤을 중심으로 한 차가운 분위기의 유리, 플라스틱 그리고 금속성이 있는 액세서리를 이용하여 과감하게 연출하면 모던한 이미지를 표현할 수 있다.

- 실내장식

실내장식에서의 모던한 이미지는 기하학적인 무늬, 수직 · 수평 등의 형태를 기본으로 직선적이고 딱딱한 디자인, 하양과 검은색의 대비나 강렬한 원색을 포인트로 사용하여 모던한 이미지를 표현한다. 여기에 차가운 감촉의 소재들을 이용하여 가구, 커튼 등의 소품을 이용하면 군더더기 없는 세련된 감각의 모던함을 표현할 수 있다.

- 화훼장식

화훼장식에서는 화훼조형이나 설치 디자인에서 활용도가 더욱 높다. 무채색의 현대적인 형태의 화기나 구조물에 채도 높은 유채색을 사용하면 현대적인 이미지를 표현할 수 있다. 현대적인 이미지의 화훼장식 형태는 강한 느낌의 수직 구성과 소재를 집약시켜 표현 효과를 높일 수 있는 매스 구성이 적합하다.

현대적인 이미지

⑤ 고전적인 이미지(Classic Image)

고전적인 이미지의 배색은 갈색, 남색(Royal Blue)과 짙은 녹색에 약간 어두운 색조들의 배합으로 표현한다. 고전적인 색의 배합은 평온함과 전통적인 감각을 표현할 수 있으므로 침실 등 조용함이 요구되는 장소를 장식하는 데 적합하다.

고전적인 색의 배합은 대부분 어두운 색조를 기본으로 하며 갈색계통을 중심으로 베이지, 자주, 진녹색, 남색 등 중후하고 격조가 느껴지는 색상을 주로 사용한다.

- 패션

패션에서의 고전적인 이미지는 오랜 세월 동안 손에 익숙해지고 사용되어진 느낌으로 깊이감과 격조 있는 느낌의 분위기를 나타내며 전통성을 존중하고 사람들에게 오랫동안 선호되는 클래식한 이미지를 대표하는 버버리의 트렌치코트를 꼽을 수 있다. 버버리의 트렌치코트는 중후한 멋을 내는 베이지 색조에 섬세한 디테일이 느껴지는 디자인으로 클래식한 이미지를 잘 살려내고 있다.

- 실내장식

실내장식에서의 클래식한 이미지는 규범적이고 풍요로움 속에서도 절제된 미를 표현한다. 이러한 이미지는 수직적인 기둥, 정교한 조각 등의 형태로 표현될 수 있다. 지루하지 않고 깊이감이 느껴지는 클래식한 색의 배합은 대부분의 실내장식에 적합한 이미지이다. 크림색이나 연한 갈색과 조화를 이루면 중후함과 안정감이 느껴지고 남색과 함께 쓰면 고풍스럽고 세련된 아름다움을 느낄 수 있다. 몰딩, 마루, 가구 등에 클래식한 색의 배합을 사용하면 중후하면서 깊이 있는 표현을 할 수 있다.

– 화훼장식

화훼장식에서는 남색과 녹색의 어두운 색조를 기본으로 한 Blackish의 소재로 깊이감을 주는 작품을 할 수 있다. 보색이나 확대 보색인 주황색, 다홍색 그리고 노란색이 많이 도는 주황색과 배색하면 밝은 느낌의 클래식한 이미지를 표현할 수 있다.

고전적인 이미지

⑥ 대지의 이미지(Earthy Image)

일출이나 일몰 때 사막을 보면 주황색(Red-Orange)의 짙고 침착한 모습을 볼 수 있는데 이것이 Earthy한 이미지의 배색이다. 대지의 색인 이 색상은 거의 자연 그대로를 나타내는 것이고 종종 예술과 디자인에서 자연적인 형태를 암시하거나 그 내용을 포함할 때 사용되어 왔다. Earthy한 색의 배합은 주황색에 검은색을 아주 조금 섞어 주조색으로 사용한다.

테라코타(Terra Cotta)라고 불리는 붉은 흙은 인류 초기부터 도자기를 만들거나 요리용

그릇을 만드는 데에 이용되었다. 대지의 이미지는 풍부한, 여유로운 마음, 편안한 시골 생활, 따뜻한 기후를 연상케 한다.

- 패션

미국 원주민들의 보석인 터키석, 구리, 산호, 그리고 호주 원주민의 모래 그림 등을 보면 Earthy한 색의 배합이 원주민의 예술과 몸 장식, 의상, 공예에서 많이 쓰인 것을 알 수 있다.

- 실내장식

여유롭고 한가하며 따뜻한 색감 때문에 Earthy한 색의 배합은 주택의 건축물이나 실내장식물의 색으로 적합하다. 개방식 부엌, 식당, 휴식을 필요로 하는 침실의 색으로 사용하면 편안한 분위기를 연출할 수 있다.

- 화훼장식

화훼장식에서는 친근감을 주는 주황계열의 꽃들과 따뜻한 느낌인 황토색을 주조색으로 쓰면 Earthy한 이미지를 표현할 수 있다. 나무껍질, 갈대, 약간 굵은 나뭇가지, 돌멩이, 해바라기 씨, 마른 열매 등 약간 거친 질감의 소재에서 대지의 이미지를 느낄 수 있고 표현 형태로는 표면 구조가 두드러져 보이는 파베, 텍스츄어 디자인, 콜라주 등이 적합하다. 이러한 형태의 디자인은 낮거나 납작한 디자인 이므로 벽걸이, 회의테이블 장식 등으로 주로 쓰인다.

대지의 이미지

⑦ 고상한 이미지(Noble Image)

고상하고 귀족적인 이미지 색의 배합은 에메랄드빛 원석, 어둡고 진한 나무 그리고 잘 숙성된 와인과 황금색 등의 색상을 기본으로 한다. 고상하고 귀족적인 색의 배합은 고급스럽고 차분하며 중후한 느낌을 준다. 이 색들은 과도함이 없어야 한다. 고상한 색의 배합은 갈색, 팥색, 밤색, 녹색, 올리브색 등에 부드러운 베이지색을 더하여 표현하는 것이 일반적이다. 이렇게 배합된 색들은 오래된 고급 카펫이나 벽지 등에서 찾아 볼 수 있다. 금속성의 금색이나 청동색에 보라나 자주, 베이지색을 더하면 전통적인 느낌과 오래된 듯한 느낌을 줄 수 있다.

차분하면서도 화려함을 지닌 배색으로 유사색조와 대조색상 배색을 기준으로 표현하면 쉽게 배색할 수 있다.

고상한 이미지에서는 고급스러운 골드와 카키, 그리고 보라와 빛바랜 듯한 청동의 느낌은 빠져서는 안 될 주요 색상으로 특히 Dull Tone의 Blue는 귀족적인 느낌을 대표하는 색상으로 꼽힌다.

- 패션

패션에서는 특히 남성의 가을 의류에서 주로 적용되는 이미지로 재킷이나 셔츠 등의 체크문양에서 쉽게 찾아볼 수 있다. 또한 중년의 여성과 남성을 대표하는 이미지로 성숙하고 풍요로운 이미지를 담고 있어 고가의 상품들에서 쉽게 찾아볼 수 있다.

- 실내장식

고상한 이미지의 배색은 주로 Vip를 상대하는 장소, 사무실 및 접견실, 회의실 등의 인테리어에 많이 활용되고 가전제품이나 인테리어 소품, 가구, 패브릭 소품 등에서도 자주 찾아볼 수 있다.

고상한 이미지

- 화훼장식

화훼장식에서는 주로 백화점 디스플레이나 고급 레스토랑의 공간 장식 등에 활용되며 금속성의 금색 또는 청동의 느낌이 나거나 은회색 빛의 무광 재질을 가진 화기와 함께 연출하면 그 느낌이 배가되는 효과를 볼 수 있다. 노블 이미지를 연출하기 좋은 식물소재로는 앤틱수국, 앤틱장미와 클래마티스, 칼라릴리 등을 들 수 있다.


## 5. 공간에 따른 화훼 디자인

색채는 특정한 공간에 이미지의 표정을 입히는 아주 중요한 요소이다. 공간의 기능에 맞춰 조용한 분위기, 모던한 분위기, 부드럽고 따뜻한 분위기 등 각각 계획에 맞게 설계된 공간의 이미지를 결정하는 키(Key)는 바로 색채이다.

공간 구성의 가장 넓은 면적을 차지하는 바닥, 천정, 벽 등의 기본색채도 중요하지만 꽃은 공간 색채 구성의 가장 중요한 요소로서 작용한다. 빨간 장미꽃 한 송이만으로도 방안의 감성적 공기는 달라지고 식탁 위의 작은 꽃 작품 하나로도 대화는 곧 탄력을 얻게 된다. 꽃은 계절에 따라 변화를 주기 쉽고 빼어난 자태와 색채감, 그 어떤 매체에도 없는 향기 등으로 공간이미지 표현에 효과적인 악센트 역할을 할 수 있기 때문이다.

공간을 장식하는 데 있어서 빼놓을 수 없는 중요한 요소인 색채는 기능적인 부분과 미적 욕구를 동시에 충족시킬 수 있어야 한다.


1) 주거 공간

생활의 중요한 부분인 휴식의 공간인 집은 색채 계획에 있어서 가장 신경 써야 할 공간 중의 하나이다. 색채는 공간 질서를 이루는 중요한 요소이면서 공간을 쉽게 이해할 수 있도록 도와주기 때문에 복합적인 기능을 가진 공간에 구분되는 색채 계획을 함으로써 해당 공간의 기능을 쉽게 인식할 수 있게 해준다. 주거 공간은 집이라는 큰 공간 안에 각각 용도가 다른 공간으로 구성되어 있다. 그래서 각각 공간에 따라 색채디자인 계획이 따로 진행되지만 전체를 통일된 콘셉트로 진행하면 안정되면서 차분한 공간을 연출할 수 있다.

① 거실

주거 공간 중 가장 넓은 공간이고 가족 구성원 모두가 사용하는 곳이기 때문에 특별히 개성 있는 색채나 디자인을 하기보다 계절이나 절기를 반영한 단순한 작품이 좋다. 꽃을 꽂는 화기도 정형화된 형태의 것보다 집 안에 있는 소품을 적절히 활용하는 것도 재미있다.

거실 분위기에 맞는 몇 가지 디자인을 계절별 이미지에 맞게 정리해 보자.


- 봄

봄의 이미지 색상은 봄의 상징적 꽃인 개나리, 진달래, 산당화, 매화 등이다. 이런 꽃들을 항아리에 가득 담아 장식하거나 긴 유리병에 구근식물(히아신스, 튤립, 수선화)을 담아서 키우는 수경재배는 산뜻한 봄을 알리는 역할을 할 것이다.

노란 튤립 한 다발 또는 페일 톤의 여러 가지 꽃들을 한꺼번에 모아서 Tone in Tone 구성을 하면 매우 낭만적인 봄 분위기를 연출할 수 있다.

봄을 연상시키는 R, Y, GY계열의 색상을 이용하여 나비와 함께 연출한 거실 장식

봄 이미지 표현에 효과적인 여러 가지 색상의 꽃

봄의 상징인 구근식물을 이용한 테이블 장식으로 경쾌함을 느낄 수 있다.

노란 튤립 한 다발을 테두리를 장식한 같은 색상의 골판지로 감싸서 봄의 이미지를 표현했다.

- 여름

　더위에 지친 가족들을 위해서 시원한 이미지의
하양과 파란색 수국 한 종류를 넓은 접시에 공간을
많이 남겨 두고 꽂거나 수련, 부레옥잠 등을 물에
띄우는 방법도 좋다.

　꽃이 없는 빈 공간에는 예쁜 돌이나 조개껍질을
장식해본다.

물방울 무늬의 넓은 접시에 파란색
수국꽃과 함께 연출된 청미래덩굴이
더운 여름철 거실에 청량감을 줄 수
있다.

시원한 느낌의 블루 수국과 하양 모래를
이용하여 해변의 이미지를 연출한 거실
장식

청보라와 화이트를 이용한 시원한 이
미지의 거실 장식

- 가을

　열매와 단풍의 계절이다. 주황, 노랑, 빨강으로 물든 열매나 단풍을 벽에 걸거나
소쿠리에 담아보면 풍성한 가을을 표현할 수 있다. 갈대, 고추, 옥수수, 노박덩굴, 명
감나무, 꽈리 등은 가을의 대표적인 소재들이고 다양한 색상의 소국도 빼놓을 수 없
는 가을의 소재이다.

가을의 자연스러운 느낌을 연출한 갈
대를 이용한 핸드타이드 작품

가을 거실 장식에 어울릴 수 있는 막
주황색으로 물들기 시작한 꽈리와 노
박덩굴

- 겨울

눈 내리는 겨울, 추운 바깥 풍경을 조금 따뜻하게 느낄 수 있게 따뜻한 이미지를 연출하는 것이 중요하다.

분홍색 나리, 연분홍색 카네이션 등 부드러운 중채도, 중명도의 꽃에 카스피아, 안개꽃을 천(Fabric)으로 감싼 화기에 꽂아보면 따뜻한 분위기를 연출할 수 있다.

크리스마스 장식도 적절한 시즌 연출이 된다. 전통적인 빨간 포인세티아는 물론 미색이나 하양 포인세티아를 함께 장식하고 절기의 상징물인 눈사람이나 산타 장식도 곁들이면 아주 감각적인 공간 장식이 된다.

모던한 분위기의 크리스마스 장식    눈 쌓인 듯한 느낌의 구상나무와 빨간색 열매를 집약하여 제작한 크리스마스트리    겨울의 다이나믹한 느낌을 연출한 장식

② 침실

주거 공간 중 가장 안정감을 요구하는 공간이다. 때문에 색채를 도구로 하여 치료 효과를 꾀하는 컬러 테라피의 의미가 적용되어야 할 공간이다.

색상 중 심신에 안정감을 주는 초록을 주조색으로 소량의 부드러운 색상의 꽃을 장식한다. 비교적 수명이 긴 소재인 카네이션 종류를 넓은 그린 잎(엽란, 몬스테라, 팔손이 잎 등)과 함께 장식하거나 열대산 오키드(양란)를 과일 접시에 과일과 함께 구성(Arrangement)하면 은은한 향과 함께할 수 있어 효과적이다. 물론 허브식물(로즈메리, 라벤더, 카모마일)을 배치해도 좋지만 이 경우 채광과 환기에 유의해야 한다.

형태적 구성으로는 나지막한 필로잉(Pillowing) 디자인, 편안한 느낌의 수평적 구조가 어울리는 공간이다.

넓은 팔손이 잎과 함께 낮게 꽂은 부드러운 톤의 꽃장식. 심신의 안정을 꾀할 수 있다.

공기정화에 탁월한 효과가 있는 숯과 함께 식재(植栽)한 다육식물 장식

숙근안개초, 명감 나무열매, 보리, 스마일락스 등의 소재를 사용하여 하트형태로 낮게 꽂아 편안한 느낌을 주는 장식이다.

침대 헤드 위 선반에 장식된 액자형 다육식물 장식

③ 공부방

이 공간은 자녀들의 학습 효과를 높일 수 있는 화훼 색채 디자인을 연구해야 한다. 색채 계획으로는 여러 가지 색상 중 심리적인 안정에 효과를 주는 초록이나 집중력을 높일 수 있는 파랑계열이 좋다. 중채도 정도의 파랑을 주조색으로 명도의 변화를 주면서 정돈되고 안정된 느낌의 색채 계획을 한다. 공부방 장식으로는 초록색 허브식물(로즈메리, 라벤더, 카모마일 등) 바구니, 파란색 델피늄 병꽂이 등으로 연출하고, 만약 생화 알레르기가 염려되면 같은 색채계열의 조화 장식도 무난하다.

수경재배로 공부방의 습도조절 기능을 겸한 시페루스

집중력을 높일 수 있는 파란 색 델피늄 꽃장식. 간결하게 꽃은 형태가 공부방을 차분한 공간으로 꾸미고 있다.

공기정화, 습도조절 능력이 탁월하다고 알려진 숯에 난을 붙여서 제작한 숯 부착 작품. 공부방에 두면 머리가 맑아지는 데 효과가 있다고 알려져 있다.

④ 식탁

식사와 함께 꽃장식을 감상하게 되므로 식사를 방해하지 않게 향이 너무 강하거나 가루가 떨어지는 소재는 피하여 장식한다.

커피 잔에 조그마하게 꽂은 식탁 장식

사용되는 색채는 테이블크로스나 식기와의 조화를 고려해야 하고 형태 구성도 낮고 안정적인 구성으로 한다. 크기 또한 너무 크지 않게 테이블 크기의 1/9 정도로 하고 높이는 상대방 시선을 가리지 않게 20~25cm 이하로 제한하거나 아예 시선을 넘어서는 높은 장식을 한다. 식사의 내용에 어울리게 때로는 풍성하게 때로는 한 송이만 단아하게 탄력적으로 계획을 세워서 연출한다.

투명하게 비치는 원형의 유리 화기에 은색 알루미늄와이어 구조물을 만들고 수분에 강한 양란 종류를 물에 띄웠다. 저녁 식탁 장식에 사용할 경우 중앙에 양초를 켜서 분위기를 연출한다.

만찬 테이블에 장식된 낮고 긴 형태의 센터피스

⑤ 욕실

주거 공간 중 수분이 가장 많은 공간이므로
주로 수분에 강한 소재들로 구성한다. 때문에
다른 공간에 비해 비교적 조화 장식이 어울리
는 공간이다.

욕실 선반에 장식하면 좋을 밝은 톤의 조화 장식

같은 종류의 조화를 작은 플라스틱 화분에
심어 여러 개를 중복 배치하면 반복 구성의 효
과를 표현할 수 있다. 색채 계획으로는 상큼한
느낌의 하양과 파랑의 배색도 좋고 파랑과 노
랑의 강렬한 보색대비도 재미있다.

수분이 많은 장소에서 잘 자라는 개운죽

## 2) 사무 공간

여러 종류의 공간 중 가장 딱딱하고 개성이 없는 공간이다. 상업공간이면서 많은
사람이 공유하고 있는 공간이기 때문에 색채가 너무 강하거나 디자인 형태가 복잡
하면 업무에 방해가 되어 좋지 않다.

벽 등 미리 칠해져 있는 기조색(Base Color)의 색상을 고려해서 색채 디자인 계획을 세
운다.

① 프론트(Information)

방문자로 하여금 사무 공간의 첫인상을 결정짓게 하는 가장 중요한 공간이다. 마
케팅적인 측면에서도 신경을 많이 써야 할 공간이고 회사의 상징적 이미지를 표현
하기 좋은 공간이다.

색채 계획은 회사의 CI(Corporation Identity) 컬러가 있으면 적극적으로 활용한다. 장식의
크기는 다소 커도 좋지만 동선에 방해되지 않게 벽 장식이나 천정걸이(Hanging) 장식이
어울린다.

친환경 모스를 이용한 간판(Jessy n May)

입구에 건조된 나무를 활용하면 계절별로 다양한 장식으로
응용이 가능하다.

환영의 의미를 담은 리스로 안내데스크 장식에 적합하다.

② 접견실

기업 마케팅에 있어서 매우 중요한 공간이 접견실
이다. 중요한 손님을 접대하고 다소 긴 시간 머무르
는 공간이기 때문에 회사의 이미지를 자연스럽게 내
보일 수 있는 공간이다. 힘과 에너지를 보여주는 화
훼 색채 디자인 계획이 잘 어울리는 공간이다.

다음은 접견실 화훼 색채 디자인 계획에 있어서
몇 가지 고려할 사항이다.

– 인테리어 가구 색채와의 조화를 고려한다. 기
조색이 주로 갈색, 검정, 하양 등으로 설정되어 있
기 때문에 색상뿐만 아니라 명도도 고려해야 한다.

– 특별히 중요한 사항을 결정해야 할 때는 색상 선택에 특히 유의해야 한다. 날씨, 기온 등의 상황도 화훼 색채 디자인 결정에 영향을 미친다.

– 접견실은 다른 공간과는 달리 규모와 색채를 다소 과감하게 사용할 필요가 있다. 화훼장식은 목재나 금속 등 구조물의 효과를 빌어 식물소재의 단점인 크기의 한계를 벗어난 작품으로 구성한다[화훼조형 작품과 식물소재끼리 유기적으로 연결시킨 스탠딩(Standing) 작품 등].

착생란 반다를 이용한 창가 장식으로 철망을 이용하여 현대적인 이미지를 연출했다.

사각 나무 프레임을 이용하여 연출한 장식

신뢰를 나타내는 파랑은 많은 기업들이 회사의 이미지 색상으로 사용하고 있다. 파란색의 델파늄을 수직으로 집약시켜서 강한 힘을 느끼게 하는 장식이다.

③ 회의실

사무 공간 중 다소 예민해지는 공간이다. 때문에 편안하고 안정적인 화훼장식이 좋겠다. 단정한 도자기나 유리병에 중명도, 중채도 또는 중명도, 고채도의 꽃을 1~2 품목으로 단정하게 장식한다.

회의실 공간의 화훼장식은 그린계열의 식물만 배치해도 좋다.

차분한 녹색 화병에 소나무와 백합으로 단정한 회의실 분위기를 연출할 수 있다.

딥톤의 화기에 청미래덩굴과 작약으로 단아함을 연출했다.

개운죽의 수경재배 작품.
단정한 분위기가 회의실 공간 장식에 잘 어울린다.

유리병에 간결하게 장식한 칼라릴리

④ 휴게실

바쁜 업무 일상 중에 소중한 휴식을 취하는 공간이다. 일상 업무의 긴장에서 벗어난 상태이기 때문에 소품을 활용하거나 동물 캐릭터 등 재미있고 다양한 콘셉트를 정해서 꾸며본다.

– 카네이션을 이용한 푸들 강아지나 국화꽃 강아지를 만들어 재미있게 꾸며본다.

하양 카네이션으로 작은 푸들 강아지를 만들어 휴게실 분위기를 재미있게 연출했다.

– 조화 장식과 모형 새들을 활용해 본다.

개운죽, 소수박 열매, 모형 새들로 꾸민 휴게실 장식

– 작은 소품들을 장식하여 부담 없는 편안한 공간을 연출한다.

마른 가지를 이용한 리스(Wreath)에 튤립을 글라스 튜브에 꽂아 장식한 디자인으로 생화 교체작업이 매우 간단하다.

– 검정 모던한 화기에 흰 카사블랑카(백합 종류)만으로 도희적이고 현대적인 표현을 해본다.

우아한 자태와 더불어 풍부한 향까지 느낄 수 있는 백합 장식. 풍부한 향으로 휴게실 분위기를 향기 치료의 공간으로 만들 수 있다.

⑤ 사무실

　분주한 업무들이 이루어지는 공간이기 때문에 복잡한 장식보다는 키가 다소 큰 식물들을 배치하여 공간의 차폐(遮蔽) 기능과 실내 환경 정화의 역할도 하게 한다.

　전체적인 색채 계획은 침착한 녹색계열의 색채 계획이 어울리는 공간이다. 적합한 식물로는 실내에서 기르기 좋은 행운목, 쉐프렐라, 파키라, 고무나무, 아레카야자 등이 좋다. 또한 컴퓨터 등 각종 전기, 전자제품의 사용이 많은 공간이기 때문에 전자파를 흡수하는 데 효과가 있다는 다육식물(선인장류)을 많이 배치하는 것도 좋은 방법이다.

냄새 제거에 탁월한 효능이 있는 아이비 화분

어떤 환경에서도 잘 생장하는 트리안

공기정화 능력이 뛰어난 산세비에리아 화분. 사무실 곳곳에 놓아두면 음이 온 발생으로 인한 공기 정화의 효과도 볼 수 있다.

자체에 향을 갖고 있어 허브 식물로 분류되는 골드크레스트

⑥ 로비 장식

사무 공간만이 아닌 건물 전체의 이미지를 나타내는 아주 중요한 공간이다. 대체적으로 천정이 높고 공간의 폭이 넓기 때문에 대형작품이 어울린다. 화훼식물 소재 이외의 구조물의 도움을 받으면 대형작품을 제작하기 용이하다. 기업의 로고 이미지를 적극 활용한다.

2007 장옥경화훼장식연구소 전시작, 이정숙-마른 솔잎과 푸른 솔잎을 붙인 오브제에 다양한 색으로 채색된 솔방울을 이용하여 장식한 디자인으로 솔방울이 경쾌한 느낌을 준다.

2007 장옥경화훼장식연구소 전시작, 김지선-하양과 검은색의 가죽으로 뒤덮인 사각뿔 오브제에 생화와 분화를 이용하여 생동감을 더한 로비 장식이다.

3) 식(食) 공간(레스토랑)

여러 종류의 공간 중 내왕(來往)객이 많은 대표적 상업공간이다. 식 공간의 화훼 색채 디자인을 계획하는 데 주의할 점은 식이 기본이 되고 중심이 되는 연출이어야 한다는 점이다. 각각의 공간의 특성과 취급하는 내용에 따라 실내의 색상과 식기, 음식의 색채까지도 고려해서 그 이미지를 전달할 수 있게 색채 디자인을 한다.

① 양식당(스테이크 하우스)

양식당에서 연상되는 이미지는 갈색이다. 약간 어두운 톤의 주황이나 약간 어두운 톤의 노랑을 주조색으로 선명한 주황이나 선명한 노랑과 같이 배색하면 스테이크 하우스의 이미지를 잘 전달할 수 있다. 중간색조의 빨강으로 악센트를 주면 더욱 활기 있는 배색이 될 수 있다. 형태적 구성으로는 기하학적(도형)인 조형 작품이 잘 어울리는 공간이다.

모던한 분위기의 양식당 장식

② 일식당

무채색인 검정, 회색, 하양과 유채색인 빨강, 파랑, 자주, 그리고 금박장식 등이 연상되는 공간이다. 소재로는 대나무, 매화, 벚꽃 등이 연상되고 소량으로 간결하게 하는 화훼장식이 어울린다. 식물 소재를 많이 쓰기보다는 일본 전통문양이 그려진 천, 장식 가구, 도구들을 적절히 배치하는 것이 효과적일 수 있다.

깔끔한 분위기의 일식당 정식

일본 전통문양의 천과 소품들로 연출한 일식당 장식

③ 뷔페식당

식(食) 공간 중 움직임이 가장 많은 공간이다. 많은 사람들이 움직이면서 식사를 하는 공간이기 때문에 주로 바닥에 놓는 장식보다는 벽이나 천정으로 배치하고 진열된 음식 사이사이 공간에 작은 장식을 놓아도 좋다. 이 경우, 장식이 음식 사이에 놓이기 때문에 향이 너무 진하거나 가루가 떨어지는 종류는 피해야 된다. 색상은 식욕을 돋우는 난색계열의 색으로 선택하고 한색계열인 파랑이나 보라는 명도를 높여서 밝게 하거나 강조색 정도로만 제한한다.

식욕을 돋우기 위한 색으로 제작된 화기 디자인이다.

꽈리 한 종류만 작은 접시에 담은 깔끔한 디자인으로 많은 음식이 진열되어 약간 복잡한 뷔페식당에도 잘 어울리는 장식이다.

④ 한식당

한식당의 색채 계획은 한국의 전통 색채인 오방색을 기준으로 계획해 본다. 청색, 백색, 적색, 흑색, 황색의 오방색을 채도를 다양하게 변화시켜가며 디자인한다. 전통 오방색을 나타내는 다섯 가지 곡식으로 연출해도 잘 어울리며 고가구나 농사장비 등 전통 생활용품과 함께 연출하면 더욱 흥미롭다.

소나무와 낙상홍 열매로 연출한 한식당 신년 장식

노란색 해바라기, 초록색조, 빨간색과 주황색의 화초 토마토 등 풍요 롭고 결실을 상징하는 소재로 구성 한 한식당 장식

4) 파티 공간 장식

화훼장식의 역사에서 파티장식의 개념이 처음 나타난 시기는 로마 시대로 거슬러 올라간다. 로마 시대에 장미 꽃잎으로 식탁을 화려하게 장식하였고 파티 참석자들에게 서로 축복의 의미로 장미 꽃잎을 뿌렸다[散花]고 전해진다. 이렇게 시작된 파티는 서구에서는 중요한 생활의 일부로 발전하였으며 국내에는 대한제국 시기에 미국으로부터 유입되어 생활문화의 서구화와 함께 급속도로 전파되고 근래에는 일반인들 사이에서도 파티문화는 그리 낯설지 않게 되었다.

파티 공간에서의 여러 요소 중 화훼장식은 빼놓을 수 없는 중요한 요소이다. 파티 공간에서의 화훼장식이 중요한 요소인 이유는 파티의 분위기 연출을 돕는 기능은 물론 파티의 성격까지도 간접적으로 설명할 수 있기 때문이다.

여러 가지 성격의 파티에 어울리는 화훼장식을 살펴보자.

① 칵테일 파티

칵테일 파티는 격식을 차리기보다는 가벼운 음료를 들면서 주로 사교적인 분위기로 진행되는 파티이다. 주최자나 초대객 모두 복장이나 시간 등의 절차와 형식에 얽매이지 않게 진행되기 때문에 바쁜 현대인들에게 적합한 파티 형식이다. 한 군데 머무르지 않고 자유롭게 움직이며 진행되므로 캐주얼 이미지의 화훼장식 연출이 어울린다. 고채도의 다양한 색상과 자유로운 형태의 화훼장식이 어울리고 풍선, 여러 가지 동물모형 등의 소품을 활용하면 더욱 흥미로운 연출을 할 수 있다.

고채도의 다양한 색상으로 자유로운 형태를 연출한 칵테일 파티 장식      쿨캐주얼 이미지의 칵테일 파티 장식

② 만찬 파티

초대자나 초대객 모두가 옷차림부터 예의를 갖추는 격식 있는 파티이다. 만찬 파티는 매우 클래식한 분위기이기 때문에 화훼식물 소재 이외의 클래식한 소품들을 많이 준비해 두면 격조 있는 연출을 할 수 있다. 주로 저녁시간에 진행되는 파티이므로 양초 장식을 효과적으로 이용하면 좋고 때로는 양초가 메인이 되는 화훼장식도 독특한 느낌을 줄 수 있다. 기품 있고 품위가 느껴지는 색채 계획으로는 중채도, 저채도의 자주색을 주조색으로 골드 장식과 함께 계획한다.

메인디쉬, 양초, 고급스러운 꽃장식으로 연출한 만찬 파티 장식

부드러운 색조의 꽃에 양초를 곁들인 만찬 장식에 어울리는 연출이다.

③ 야외 파티

실외에서 이루어지는 파티이다. 우리나라에서는 야외 웨딩을 제외하고는 드문 현상이지만 서구에서는 빈번하게 일어나는 파티 형식이다. 실내와는 달리 주변의 환경색(식물, 건물의 색)과 일기(日氣) 등을 세심히 고려해서 색채 계획을 세워야 한다. 자칫 주변의 식물색에 묻혀버릴 염려가 있기 때문에 다소 높은 명도와 채도의 색상을 선택해서 사용하는 것도 바람직하다. 크기가 큰 화훼장식이 어울리는 공간이다.

마른 소재를 엮어 만든 화기에 파랑과 보라계열로 장식하여 자연스러운 분위기를 연출한 야외 파티 장식(2007' AIFD Symposium)

야외 웨딩 파티

야외 칵테일 파티에 어울리는 유리 화병 장식

④ 웨딩 파티

웨딩 파티는 결혼식 장식과 같이
진행한다. 주로 결혼식 장소에서 리
셉션이 이루어지기 때문에 결혼식 콘
셉트에 맞게 계획을 세우면 된다. 결
혼 당사자의 주문이나 계절, 장소의
이미지들을 세밀히 검토하여 색채 계
획과 디자인 계획을 수립한다. 색상
은 웨딩의 상징적인 하양과 페일계통
의 로맨틱 이미지 색상인 옅은 핑크,
옅은 초록, 옅은 노랑 등이 쓰인다.

연한 색조의 꽃장식으로 연출한 웨딩 파티 장식

⑤ 부활절 파티

성서적인 의미로 예수의
부활을 기념하고 축하하는
의식이다. 국내에서는 교회
안에서 주로 이뤄지지만
서구인들은 친구나 친지들
과 함께 서로 축복해 주는
날이다. 부활절의 상징적인
색채는 하양과 옅은 노랑
이 주조색이다. 부활을 상
징하는 순백의 백합이 주
로 장식되고 흰 솜, 모형비
둘기 등의 보조 장식품들이 활용된다.

모형 새와 새의 깃털로 부활절을
상징했다.

부활절의 상징 색채인 하양, 노랑을
사용한 화훼장식

⑥ 크리스마스 파티

국내에서는 주로 기독교인들의 축제로 여겨지지만 서양에서는 모든 이들의 축제로 행해지고 있다. 기독교의 상징적인 색채인 빨강, 초록, 하양, 금색의 장식을 주로 하게 되는데 네 가지 색상이 같이 쓰이기도 하지만, 그중 한 가지 색상을 주도적으로 유행처럼 쓰게 되는 경우도 있다. 장식 형태로는 전통적으로 전해 내려오는 크리스마스트리, 스웨이그(벽 장식), 둥근 화환(Wreath), 촛대 장식 등이 있으며 그 외 벽면의 일부나 장식용 전구로 촘촘히 감아서 연출하기도 하고 크리스마스의 상징적 문양이 그려진 천으로 연출하는 것도 무척 흥미롭다.

모던한 감각의 크리스마스 파티 장식

빨간 망개 열매를 집약적으로 장식한 모던한 이미지의 크리스마스 장식

크리스마스 장식에 사용되는 전통적인 색상 중 빨강을 사용한 리스 장식

사랑스러움과 즐거움, 흥미로움을 표현한 크리스마스 조형물과 장식

⑦ 할로윈 데이 파티

할로윈 데이는 유럽에서 시작되어 미
국의 명절로 자리 잡은 날이다. 10월 마
지막 밤에 귀신 복장과 무서운 가면을
쓰고 마을을 돌아다니며 집집마다 초콜
릿과 사탕을 얻어먹는 떠들썩한 파티이
다. 원래는 죽은 자의 영혼을 달래기 위
한 행사였다고 하나 근래에는 귀신을 쫓
는 의식을 빌어 즐기는 파티로 행해지고
있다. 할로윈 데이 상징 색채는 검정의
주조색과 주황, 짙은 빨강 등 귀신의 느
낌을 표현하는 보조색으로 구성된다. 또
한 귀신 가면으로 조각한 호박, 무 등이
소품으로 활용되기도 한다.

할로윈 데이 상징인 호박을 소재로 검은색 리본과 주황색 꽃으로 꾸민 할로윈 데이 장식

⑧ 추수감사절 파티

추수감사절은 청교도들이 신대륙에 이주해 와서 지은 첫 번째 수확물에 대한 감사의 의식에서 유래된 절기로 미국의 초대 대통령이 11월 넷째 주로 정해서 오늘날까지 이어져 오고 있다. 칠면조 고기와 풍성한 과일들로 서로 축하하며 감사드리는 의식이다. 색채 계획으로는 수확의 의미를 표현하기 위하여 갈색계통을 주조색으로 주황, 빨강, 초록 등을 채도를 약간 떨어뜨려 사용한다.

화훼장식 형태로는 어느 절기의 파티보다 풍성하게 장식한다. 추수감사절 파티 장식으로는 결실의 풍요와 감사함을 표현하는 코뉴코피아(Cornucopia) 스타일이나 1~2종의 소재를 풍성하게 묶은 다발(Bundle) 장식이 효과적이다.

풍요의 상징인 해바라기, 조, 열매 등을 사용하여 추수감사절 분위기를 연출했다.

# 화훼장식
# 색채학

―――

## 색상과 색조의 배색

## 감성어휘를 바탕으로 한 배색 훈련

## PART. 3

# 배색 실습

배색은 두 가지 이상의 색을 일정한 기준에 의해 잘 어우러지게 배열하는 방법을 일컫는다. 기본적인 배색은 색상, 명도, 채도의 일정한 기준으로 배색하며 이어서 더 발전되면 색상과 색조의 동시변화에 따른 배색이 이루어지고 최종적으로 감성어휘에 맞게 색상과 색조를 적절하게 배열하는 배색이 된다.

## Ⅰ. 색상과 색조의 배색

### 1. 색상 배색

색상에 의한 배색은 색상환을 기준으로 일정한 규칙에 의한 색의 배합을 말한다. 동일, 유사, 반대의 색상 관계에 기초하여 배색실습을 해보자.

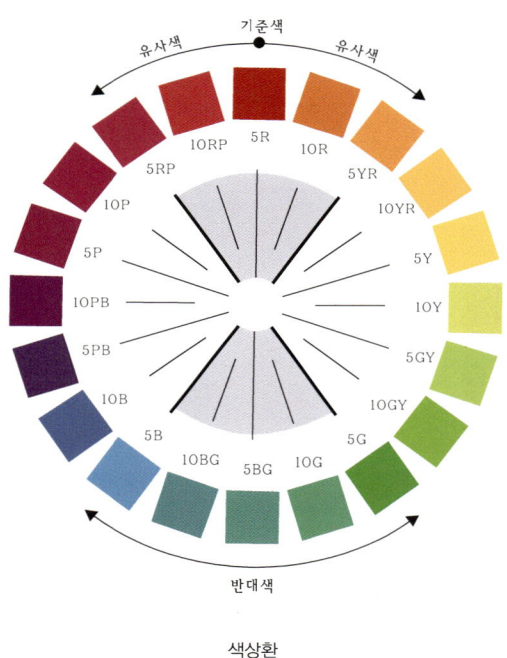

색상환

1) 동일색상의 배색

색상환의 10가지 색상 중 하나의 기준색을 정하고 서로 다른 색조에서 기준색과 동일한 색상을 선택하여 배열하는 배색기법을 말한다.

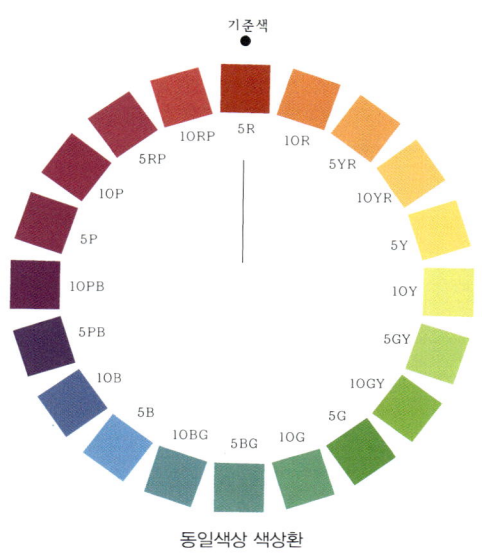

기준색

10RP  5R  10R
5RP         5YR
10P         10YR
5P          5Y
10PB        10Y
5PB         5GY
10B         10GY
5B          5G
10BG  5BG  10G

동일색상 색상환

• 다음 빈칸에 지정된 번호에 맞추어 색종이를 잘라 붙이시오.

| 61 | 71 | 81 |
|----|----|----|

| 26 | 36 | 46 |
|----|----|----|

• 동일색상의 배색을 기준으로 5색 배색을 하시오.

| | | | | |
|--|--|--|--|--|
| | | | | |

## 2) 유사색상의 배색

색상환에서 기준색을 정하고 기준색의 양옆(±15° 이내)에 위치한 색상과의 조화를 의미한다.

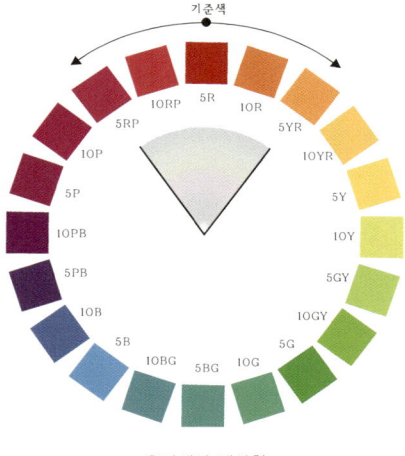

유사색상 색상환

- 다음 빈칸에 지정된 번호에 맞추어 색종이를 잘라 붙이시오.

| 72 | 63 | 84 |
|---|---|---|

| 47 | 38 | 109 |
|---|---|---|

- 유사색상의 배색을 5색 배색으로 표현하시오.

| | | | | |
|---|---|---|---|---|
| | | | | |

## 3) 반대색상의 배색

색상환에서 기준색을 정하고 기준색의 정반대 또는 거리가 멀리 떨어진 곳에 위치한 색들과의 조화를 말한다.

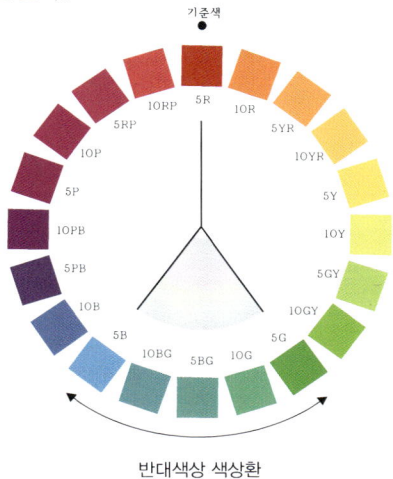

반대색상 색상환

• 다음 빈칸에 지정된 번호에 맞추어 색종이를 잘라 붙이시오.

| 22 | 36 | 107 |
|----|----|-----|

| 79 | 83 | 74 |
|----|----|-----|

• 반대색상의 배색을 5색 배색으로 표현하시오.

| | | | | |
|---|---|---|---|---|
| | | | | |

## 2. 색조 배색

색조의 배색은 색상의 배색과는 달리 명도와 채도의 통합된 개념으로 변화된다. 명도와 채도의 동시변화를 한눈에 알아볼 수 있게 제작한 KS 표준색 C&D155 Tone에 맞춰 동일, 유사, 대조색조의 개념에 대해 학습해 본다.

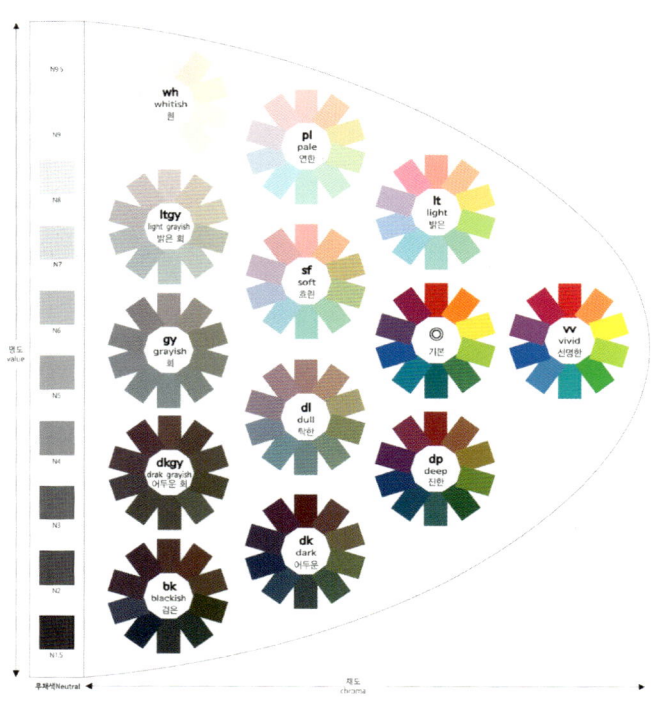

KS 표준색 C&D155 Tone

1) 동일색조의 배색

동일색조란 KS 표준색 C&D155 Tone에서 기준색조를 정하고 그 색조 내에서의 색상 변화를 이용하여 배색하는 방법을 말한다. 색상의 변화가 크더라도 색조에 통일성이 부여되어 전체적으로 동일색조의 배색은 부드러운 배색이 된다.

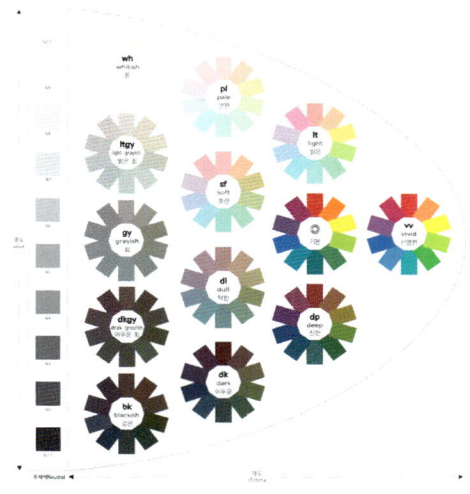

KS 표준색 C&D155 Tone

• 다음 빈칸에 지정된 번호에 맞추어 색종이를 잘라 붙이시오.

| 42 | 46 | 47 |
| --- | --- | --- |

| 104 | 108 | 110 |
| --- | --- | --- |

• 동일색조의 배색을 5색 배색으로 표현하시오.

| | | | | |
| --- | --- | --- | --- | --- |
| | | | | |

## 2) 유사색조의 배색

유사색조의 배색은 KS 표준색 C&D 155 Tone에서 기준색조의 양옆에 위치한 색조와의 조화로 동일색조의 배색에 비해 변화가 있어 보인다. 비슷한 명도와 채도단계를 가진 색들과의 조화로 전체적으로 편안하고 안락한 느낌의 배색이 될 수 있다.

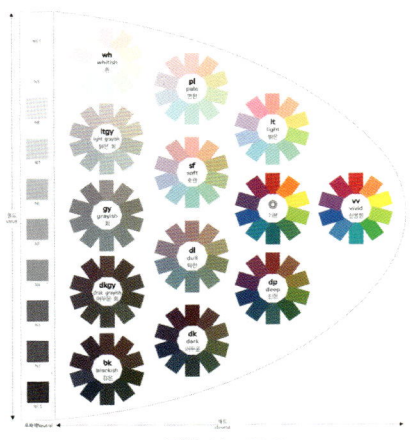

KS 표준색 C&D155 Tone

• 다음 빈칸에 지정된 번호에 맞추어 색종이를 잘라 붙이시오.

| 61 | 71 | 81 |
|----|----|----|

| 10 | 19 | 23 |
|----|----|----|

• 유사색조의 배색을 5색 배색으로 표현하시오.

|  |  |  |  |  |
|--|--|--|--|--|
|  |  |  |  |  |

### 3) 대조색조의 배색

대조색조의 배색은 KS 표준색 C&D155 Tone에서 기준색조와 정반대에 위치한 색조들과의 배색을 의미한다. 명도와 채도의 특성이 서로 다른 색조들 간의 조화로 경쾌함과 리듬감을 표현하는 데 효과적이며 강한 대비효과로 명시성을 갖는다.

KS 표준색 C&D155 Tone

• 다음 빈칸에 지정된 번호에 맞추어 색종이를 잘라 붙이시오.

| | | |
|---|---|---|
| 155 | 13 | 85 |

| | | |
|---|---|---|
| 127 | 87 | 37 |

• 대조색조의 배색을 5색 배색으로 표현하시오.

| | | | | |
|---|---|---|---|---|
| | | | | |
| | | | | |

## 3. 색상과 색조의 동시 배색

### 1) 동일색상 · 유사색조 배색

동일색상과 유사색조의 배색은 전체적으로 은은하고 편안한 배색이 된다. 동일한 색상을 기준으로 명도와 채도의 단계가 유사한 색조들끼리의 배색이므로 대조의 효과를 필요로 하지 않는 감성어휘 배색에 적합하다. 동일색상과 유사색조를 이용한 배색을 Tone in Tone 배색기법이라 부른다.

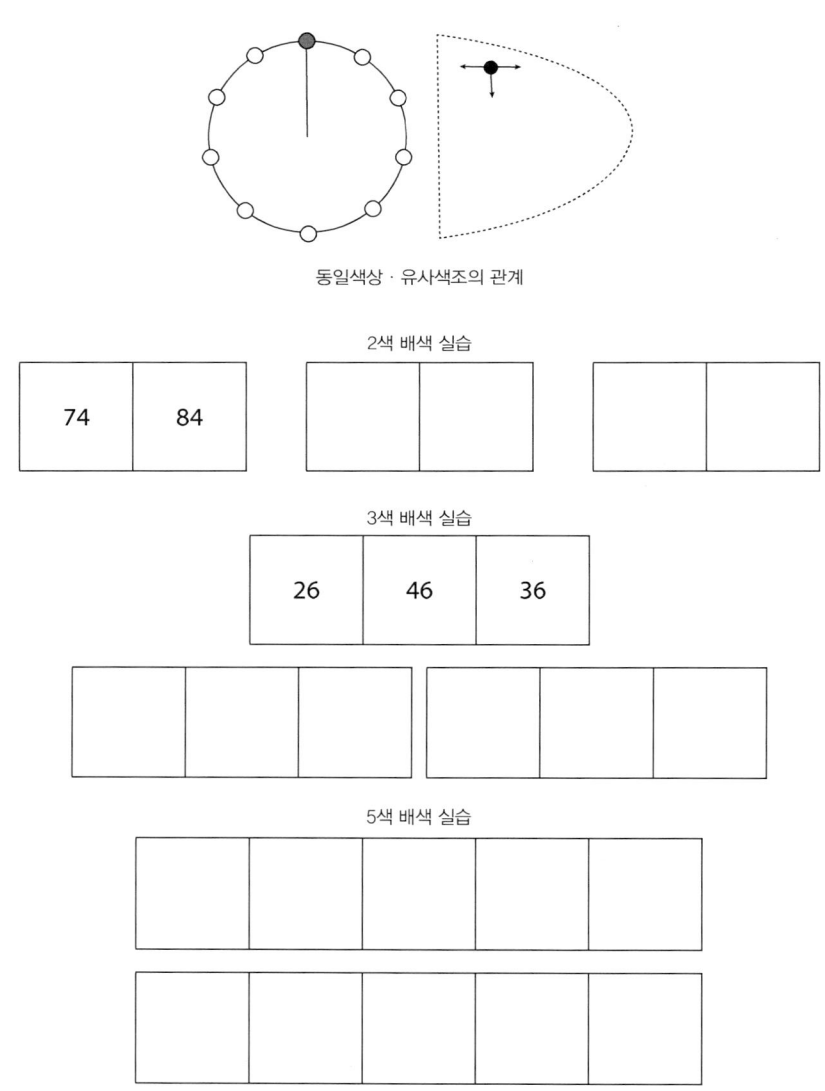

동일색상 · 유사색조의 관계

2색 배색 실습

| 74 | 84 |
|---|---|
|  |  |

3색 배색 실습

| 26 | 46 | 36 |
|---|---|---|

5색 배색 실습

## 2) 동일색상 · 대조색조 배색

동일색상과 대조색조의 배색은 명쾌한 변화를 느끼게 한다. 동일한 색상에서 명도와 채도의 변화를 크게 표현하는 방법으로 동일색상 · 유사색조 배색보다 훨씬 리드미컬한 느낌을 받을 수 있다. 이렇게 동일한 색상을 기준으로 명도의 차이를 크게 표현하는 배색을 Tone on Tone 배색기법이라 한다.

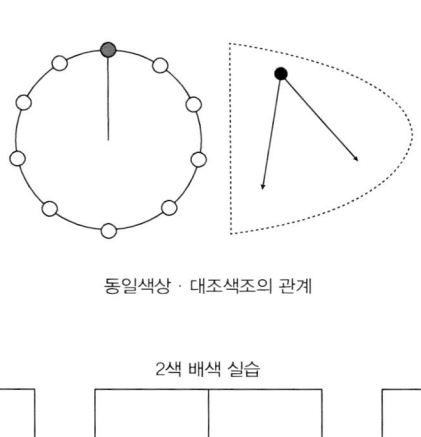

동일색상 · 대조색조의 관계

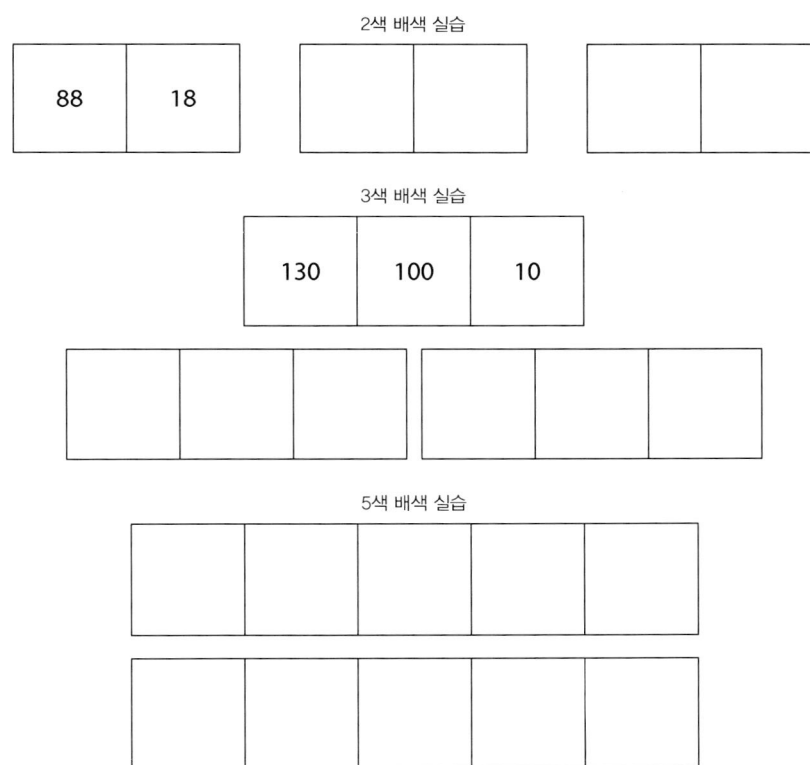

## 3) 유사색상 · 유사색조 배색

유사색상과 유사색조의 배색은 전체적으로 부드러운 느낌을 준다. 비슷한 감성을 지닌 색상과 색조를 이용한 배색으로 차분하지만 동일색상의 배색보다는 좀 더 경쾌함이 느껴진다. Light, Pale색조를 유사색조로 배색하면 귀여운 이미지가 연출되고 Soft, Dull색조를 활용하면 자연스러운 감성어휘를 표현하기 쉽다.

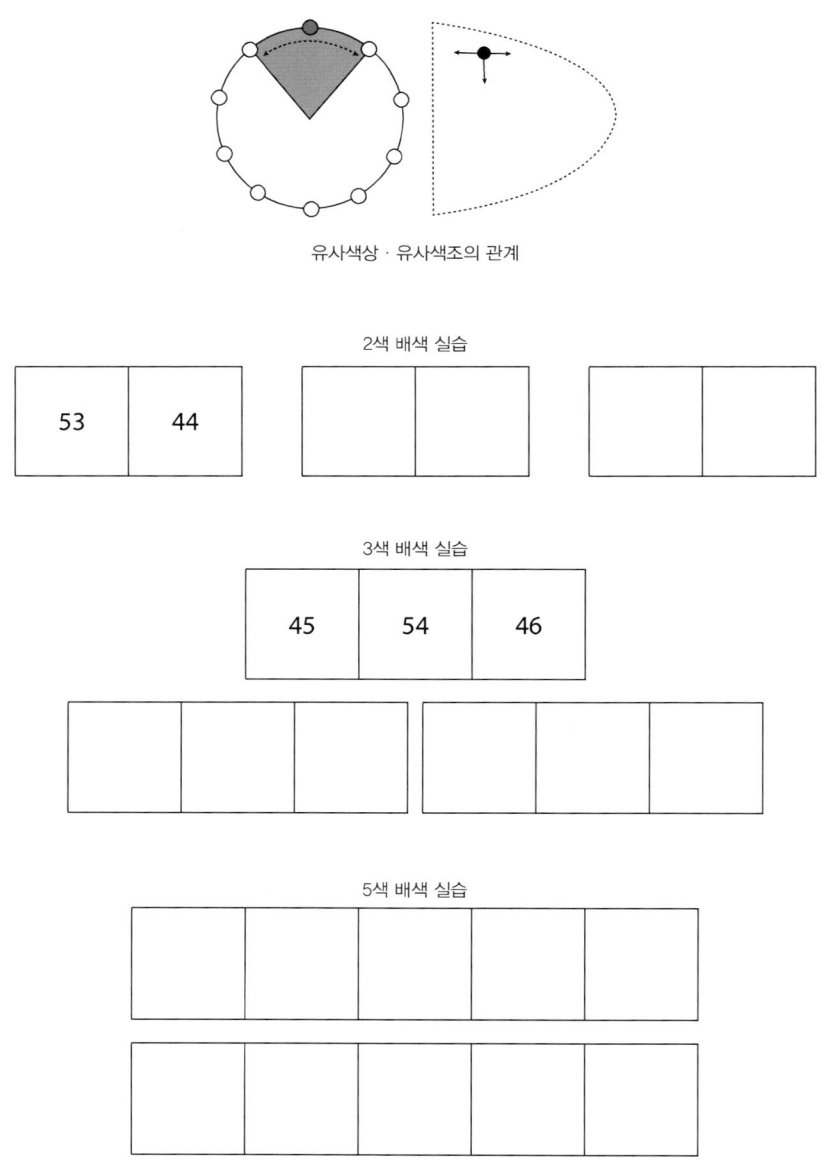

유사색상 · 유사색조의 관계

2색 배색 실습

| 53 | 44 |
|---|---|

3색 배색 실습

| 45 | 54 | 46 |
|---|---|---|

5색 배색 실습

4) 유사색상 · 대조색조 배색

유사색상과 대조색조의 배색은 경쾌하고 활기찬 느낌을 줄 수 있다. 특히 Whitish, Blackish, Vivid색조를 활용한 유사색상의 배색은 현대적인 이미지를 연출할 수 있는 좋은 배열 방법이다.

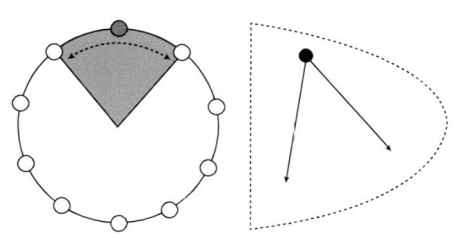

유사색상 · 대조색조의 관계

2색 배색 실습

| | |
|---|---|
| 118 | 90 |

| | |
|---|---|
| | |

| | |
|---|---|
| | |

3색 배색 실습

| | | |
|---|---|---|
| 18 | 88 | 127 |

| | | |
|---|---|---|
| | | |

| | | |
|---|---|---|
| | | |

5색 배색 실습

| | | | | |
|---|---|---|---|---|
| | | | | |

| | | | | |
|---|---|---|---|---|
| | | | | |

## 5) 반대색상 · 동일색조 배색

반대색상과 동일색조의 배색은 색조의 선택에 있어 매우 신중을 기해야 한다. 채도가 높은 색조의 경우 반대 색상만을 이용하여 배열하면 색상들의 상호 충돌로 인하여 고품격의 배색 효과를 얻기 어렵다. 따라서 고채도의 반대색상을 이용한 배색의 경우 무채색과 함께 배색하는 세퍼레이션(Separation) 배색을 활용하는 것이 조화로운 배색을 표현할 수 있다.

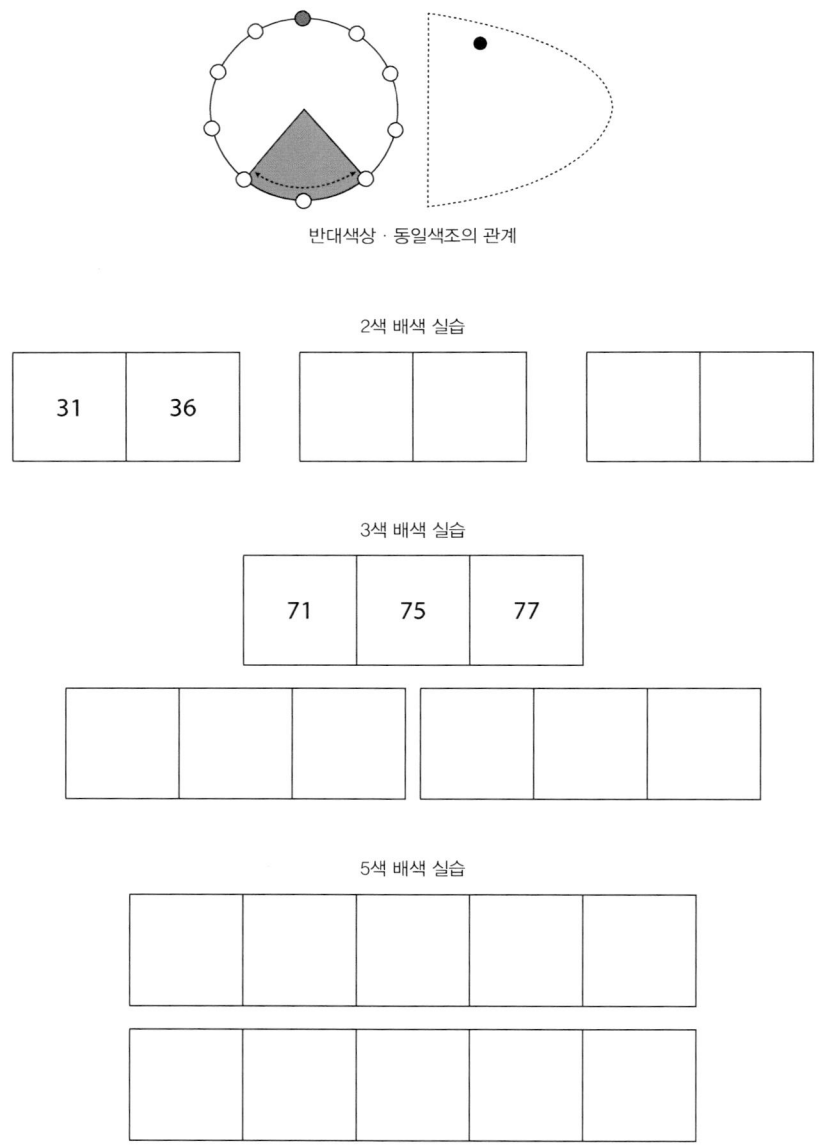

반대색상 · 동일색조의 관계

2색 배색 실습

| 31 | 36 |
|---|---|

| | |
|---|---|

| | |
|---|---|

3색 배색 실습

| 71 | 75 | 77 |
|---|---|---|

| | | |
|---|---|---|

| | | |
|---|---|---|

5색 배색 실습

| | | | | |
|---|---|---|---|---|

| | | | | |
|---|---|---|---|---|

## 6) 반대색상 · 유사색조 배색

반대색상과 유사색조를 활용한 배색 역시 채도가 높은 색조들을 활용할 때는 무채색을 활용하여 색 차를 줄이는 것이 조화로운 배색이 된다.

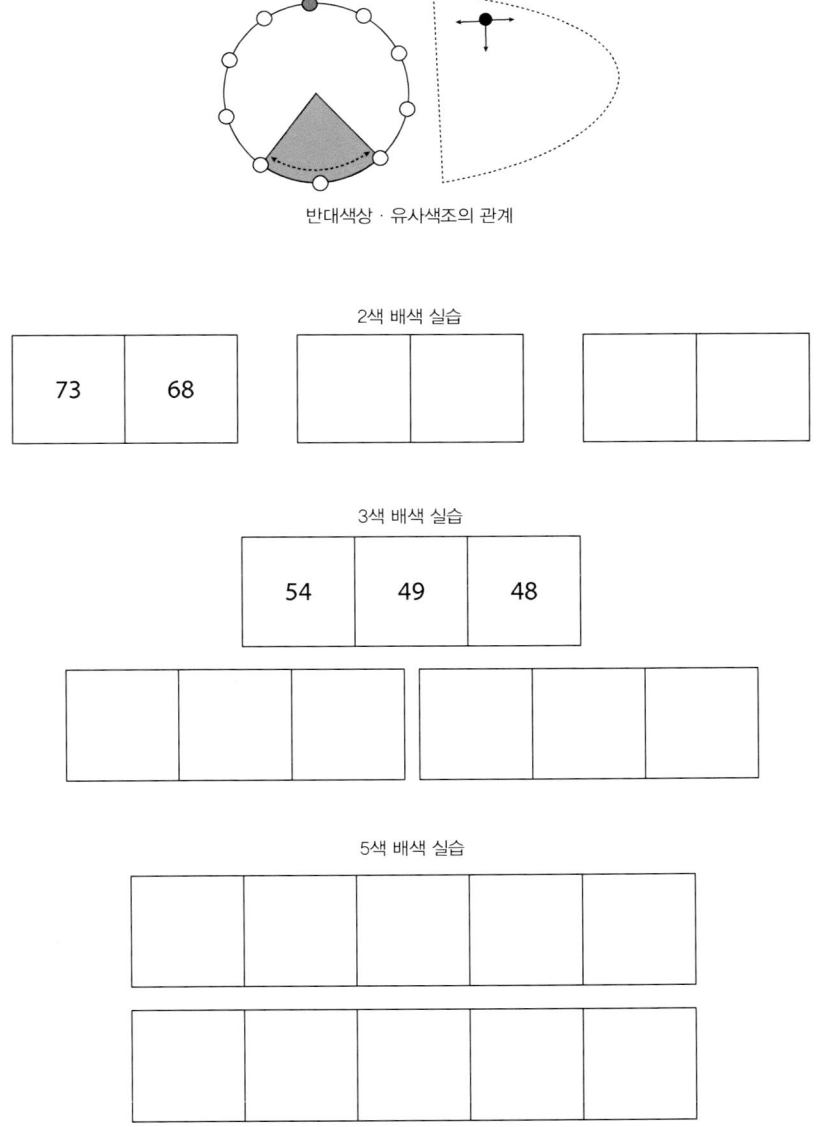

반대색상 · 유사색조의 관계

2색 배색 실습

| 73 | 68 |
|---|---|

3색 배색 실습

| 54 | 49 | 48 |
|---|---|---|

5색 배색 실습

## 7) 반대색상 · 대조색조 배색

반대색상과 대조색조를 활용한 배색은 색상의 차이와 색조의 차이가 크기 때문에 매우 역동적인 느낌을 줄 수 있다. 이러한 배색은 주로 아웃도어 매장, 인테리어 등에서 찾아볼 수 있으며 면적 비율에 세심하게 신경 써야 한다. Dandy, Dynamic 이미지 같이 대비가 강한 감성어휘를 표현할 때 사용된다.

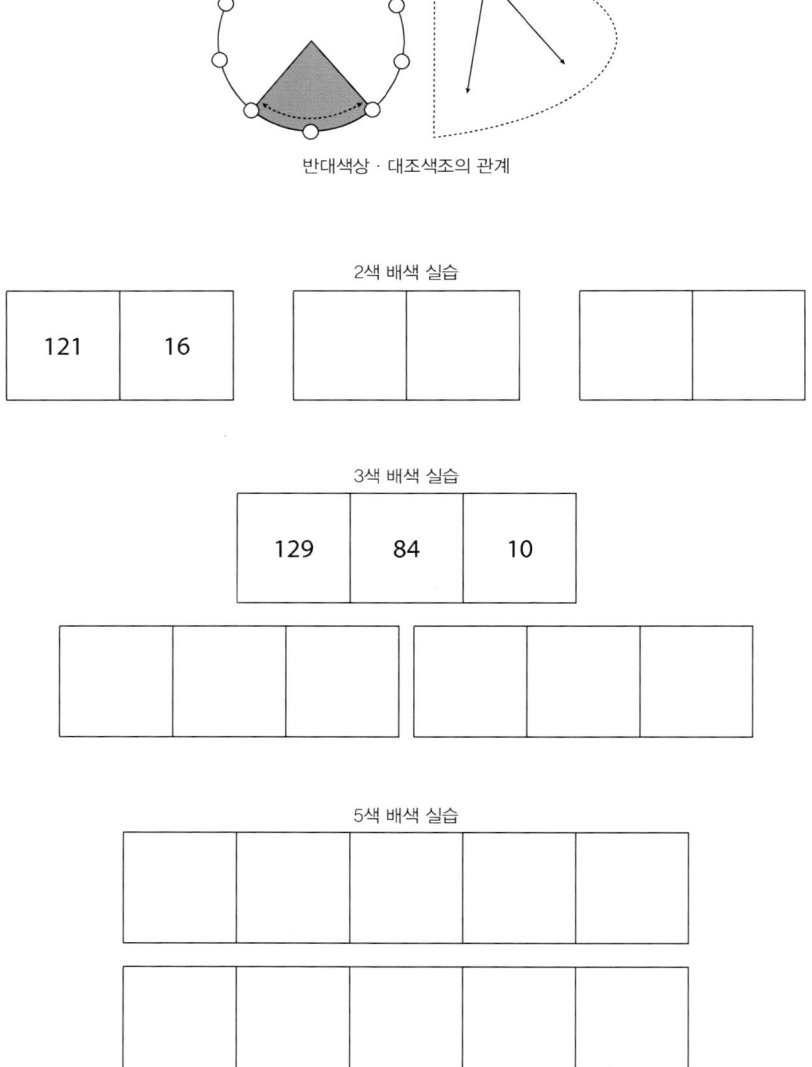

반대색상 · 대조색조의 관계

2색 배색 실습

| 121 | 16 |
|---|---|
|  |  |

3색 배색 실습

| 129 | 84 | 10 |
|---|---|---|

5색 배색 실습

# II. 감성어휘를 바탕으로 한 배색 훈련

## 1. 밝고 부드러운 이미지

1) 낭만적인 이미지(Romantic Image)

낭만적인 이미지의 배색은 빨간색을 기준으로 한 따뜻한 느낌의 낭만적인 이미지
와 보라색을 기준으로 한 시원한 느낌의 낭만적인 이미지로 구분할 수 있다.

- 주조색상
- Red를 주조색으로 배색할 때는 Or-
  ange, Yellow, Yellow Green을 보조색으
  로 활용한다.
- Purple을 주조색으로 배색할 때는 red
  Purple, bluish Violet, Blue를 보조색으
  로 활용한다.
- 주조색조: Pale, Whitish
- 배색 포인트: Red를 기준으로 낭만적
  인 이미지를 표현하게 되면 여성미와
  소녀의 감성이 느껴진다. 이 경우 난
  색을 위주로 주조색과 보조색을 선택
  하여 배열하게 되며 강조색으로 Blue
  등의 한색을 활용하면 변화가 있는 따

낭만적인 이미지

뜻하고 부드러운 배색이 된다. Purple을 기준으로 배색할 때는 P와 rP, bV을 주
조색과 보조색으로 활용하게 된다. 이때는 강조색으로 Yellow 또는 Orange 색
상을 사용하게 되면 대비가 강하게 느껴지는 낭만적 이미지를 표현할 수 있다.

• 낭만적인 이미지의 배색 훈련을 3색 배색과 5색 배색으로 표현하고 면적 비례
  표를 완성하시오.

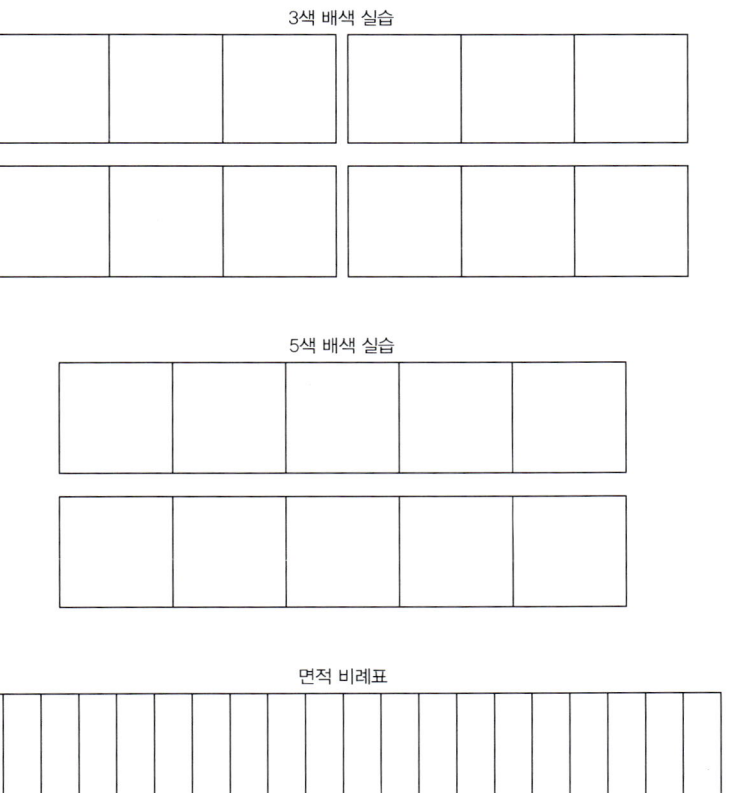

3색 배색 실습

5색 배색 실습

면적 비례표

2) 맑고 깨끗한 이미지(Clean & Clear Image)

맑고 깨끗한 이미지는 하양을 기준으로 차가운 온도감을 가진 한색과의 조화에서 쉽게 찾을 수 있다.

맑고 깨끗한 이미지

- 주조색상: White, Blue, bluish Violet, Blue Green
- 주조색조: Whitish, Pale
- 배색 포인트: 깨끗하고 순수한 이미지를 가진 White가 주로 사용되는 감성어휘로 맑고 깨끗한 이미지를 표현할 때는 Whitish 색조가 주조색조로 자리 잡는다. White와 Blue의 만남은 맑고 청량함을 느끼게 하는 가장 기본적인 색의 배열방법으로 맑고 깨끗한 이미지 배색의 대명사라 할 수 있다.

• 맑고 깨끗한 이미지의 배색 훈련을 3색 배색과 5색 배색으로 표현하고 면적 비
  례표를 완성하시오.

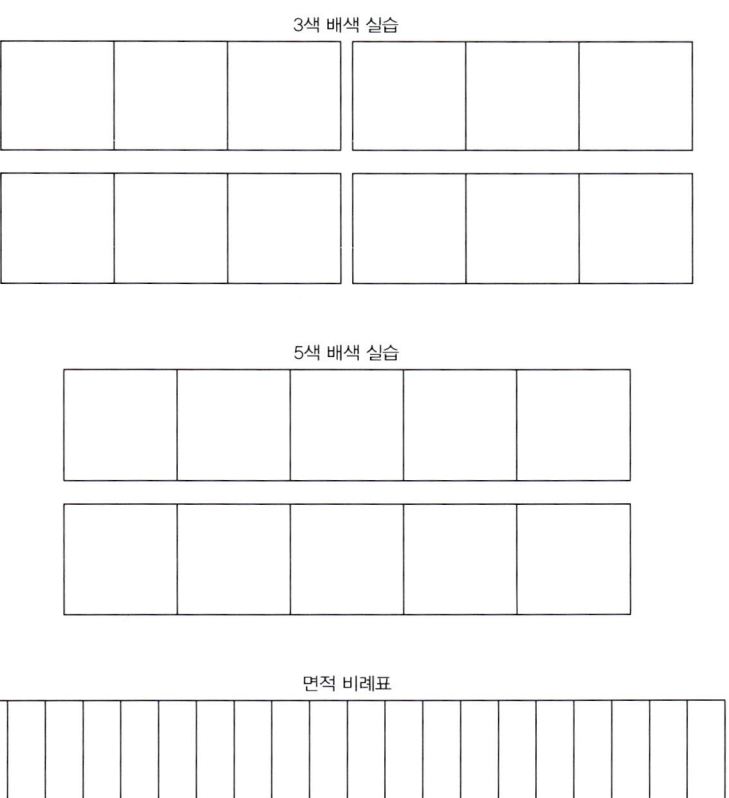

3색 배색 실습

5색 배색 실습

면적 비례표

### 3) 귀여운 이미지(Pretty Image)

즐겁고 행복한 느낌을 연상시키는 귀여운 이미지는 어린아이들의 통통 튀는 발랄함을 느낄 수 있다.

귀여운 이미지

- 주조색상: Red, Orange, Yellow, Yellow Green
- 주조색조: Light, Pale
- 배색 포인트: 귀여운 이미지는 따뜻한 온도감을 가진 난색을 위주로 배열된다. 활기차고 즐거움을 느끼게 하는 빨강, 주황, 노랑이 주조색상으로 사용되고 밝고 선명한 Light색조를 활용하며 강조색으로 색상의 차이가 많이 느껴지는 Blue계열을 선택하게 되면 더욱더 활동적인 이미지를 연출할 수 있다.

- 귀여운 이미지의 배색 훈련을 3색 배색과 5색 배색으로 표현하고 면적 비례표
를 완성하시오.

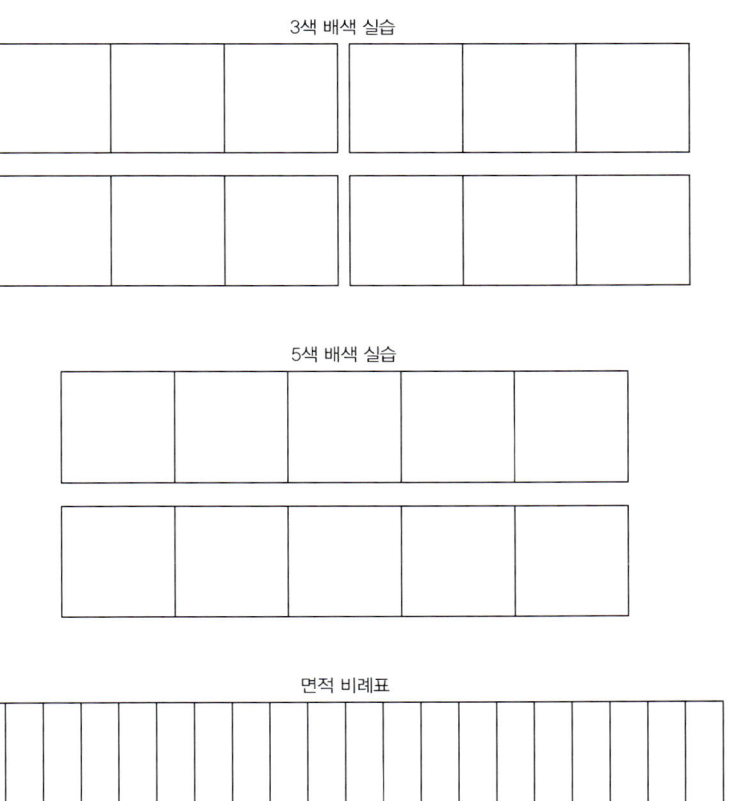

3색 배색 실습

5색 배색 실습

면적 비례표

## 4) 경쾌한 이미지(Casual Image)

경쾌한 이미지의 배색은 봄의 생동감을 연상시킨다. 파릇파릇 돋아나는 새싹의 이미지와 푸른 잔디밭에 피어나는 들꽃들이 연상되는 감성어휘로 귀여운 이미지보다 좀 더 선명한 색조가 주조색조로 활용된다.

경쾌한 이미지

- 주조색상: Yellow Green, Orange, Yellow, Red
- 주조색조: Vivid, 기본
- 배색 포인트: 선명한 색조로 색상 차를 많이 두어 배색하는 방법이다. 경쾌하고 활기찬 적극성을 가진 난색을 주로 활용하지만 색상의 차이를 많이 두고 강조색을 배열함으로써 활기찬 이미지를 배가시켜 표현하는 것이 중요하다.

- 경쾌한 이미지의 배색 훈련을 3색 배색과 5색 배색으로 표현하고 면적 비례표를 완성하시오.

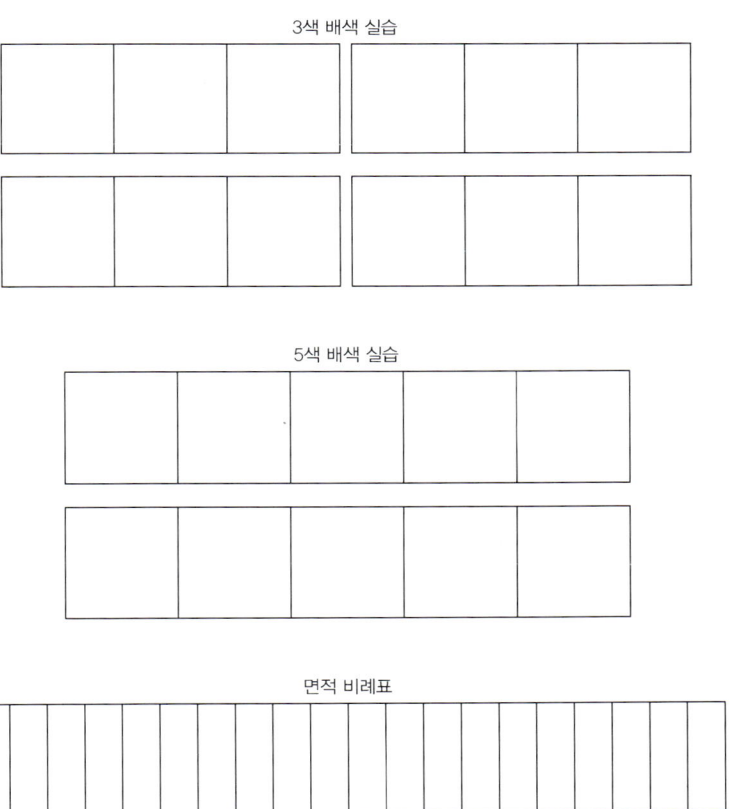

3색 배색 실습

5색 배색 실습

면적 비례표

## 5) 자연적인 이미지(Natural Image)

자연적인 이미지는 원색적인 강한 느낌보다는 고즈넉한 전원 풍경에서 그 이미지를 느낄 수 있다.

자연적인 이미지

- 주조색상: Red, Orange, Yellow, Green
- 주조색조: Dull, Light Grayish
- 배색 포인트: 중채도와 저채도를 활용하여 전체적으로 빛바랜 듯한 느낌을 연출하는 것이 중요하다. 색상은 주로 색상환의 순서대로 Red부터 Blue Green까지 활용되며 강조색을 선택할 때는 명도의 변화로 선택하는 것이 자연스러운 배색에 도움이 된다.

- 자연적인 이미지의 배색 훈련을 3색 배색과 5색 배색으로 표현하고 면적 비례 표를 완성하시오.

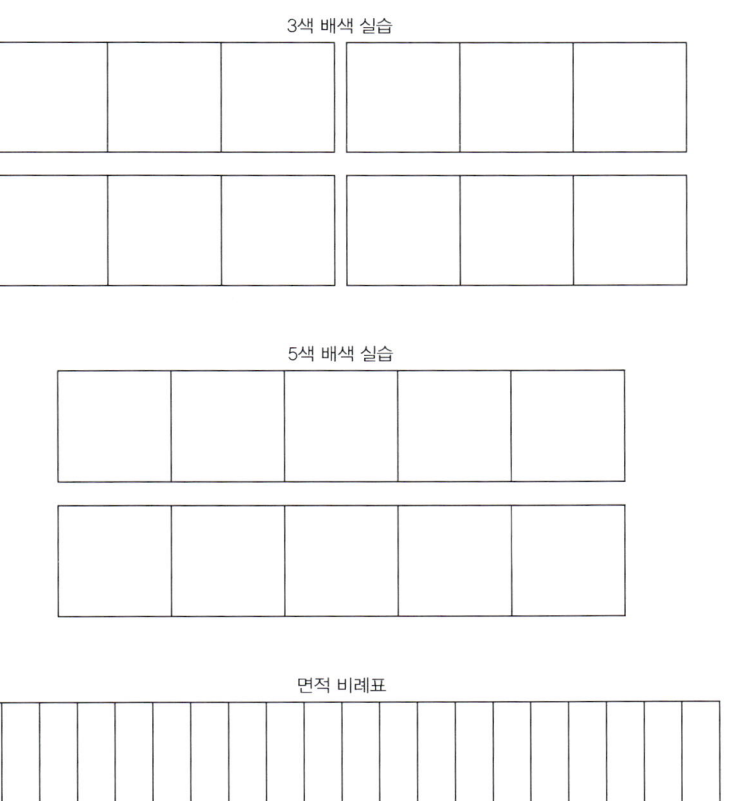

3색 배색 실습

5색 배색 실습

면적 비례표

## 6) 우아한 이미지(Elegant Image)

우아한 이미지는 품격 있는 여인의 모습을 연상시키며 우아함과 더불어 신비스러운 이미지도 함께 연출할 수 있다.

- 주조색상: Red, Yellow, Blue Green, Purple, red purple
- 주조색조: Dull, Light Grayish, Grayish
- 배색 포인트: 우아한 이미지는 저채도와 중채도로 구성된다. 적체적인 이미지는 기품있는 여성 또는 신비스러움을 간직한 여성의 이미지를 담고 있다. 색상은 주로 Red계열의 색상과 Blue Green색상처럼 반대색상으로 배열되나 채도가 낮아 상대적으로 색상대비가 크게 표현되지는 않는다.

우아한 이미지

- 우아한 이미지의 배색 훈련을 3색 배색과 5색 배색으로 표현하고 면적 비례표를 완성하시오.

3색 배색 실습

5색 배색 실습

면적 비례표

## 7) 온화한 이미지(Comfortable Image)

온화하고 편안한 이미지는 나른한 봄 창문으로 들어오는 따사로운 햇살을 닮았다. 주로 홈패션 상품이나 인테리어에서 찾아볼 수 있다.

온화한 이미지

- 주조색상: Red, Orange, Yellow, Yellow Green
- 주조색조: Soft, Pale, Whitish
- 배색 포인트: 온화한 이미지는 저채도 고명도의 색조들로 구성된다. 색상은 따뜻한 느낌을 가진 Red, Orange, Yellow가 주를 이루며 Green 색상이 더해져 편안하고 안락한 느낌이 들며 유사색상과 유사색조들로 구성되어 은은하고 편안한 배색이 된다.

• 온화한 이미지의 배색 훈련을 3색 배색과 5색 배색으로 표현하고 면적 비례표를 완성하시오.

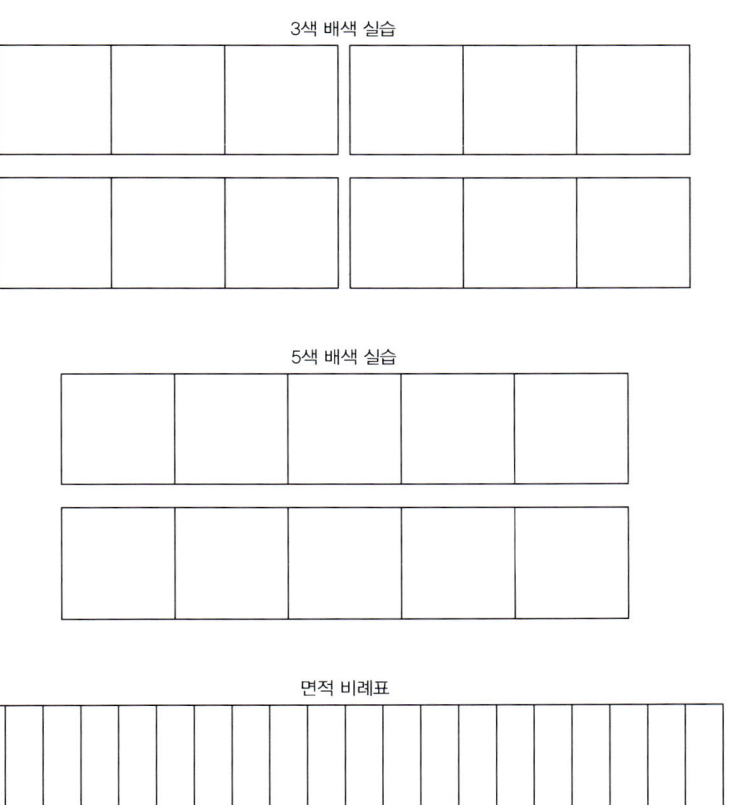

3색 배색 실습

5색 배색 실습

면적 비례표

## 2. 강한 이미지

### 1) 도회적인 이미지(Chic Image)

회색빛 도시의 이미지를 담은 감성어휘로 인테리어 및 패션 등에 많이 활용되는 이미지 중 하나이다.

- 주조색상: Blue, bluish Violet, Purple
- 주조색조: Light Grayish, Grayish
- 배색 포인트: 도회적인 이미지는 전체적으로 무채색의 어필(appeal)이 강하다. 주조색조가 저채도로 구성되어 색상의 기미가 거의 느껴지지 않는 배색이다. 색상은 bluish Violet, Purple 등 주로 한색이 사용되어 회색빛의 차가운 도시 이미지를 연출한다.

도회적인 이미지

- 도회적인 이미지의 배색 훈련을 3색 배색과 5색 배색으로 표현하고 면적 비례
  표를 완성하시오.

3색 배색 실습

5색 배색 실습

면적 비례표

2) 화려한 이미지(Gorgeous Image)

화려한 이미지는 수입 화장품, 명품 가방에서 주로 찾아볼 수 있는 배색으로 화려하면서 기품 있는 배색 이미지이다.

- 주조색상: Red, Orange, red Purple
- 주조색조: Deep, 기본, Dark
- 배색 포인트: 화려한 이미지의 배색은 전체적으로 고채도와 저명도의 색조로 구성된다. 선명하지만 명도가 낮아 화려하면서도 고혹적인 이미지를 연출하며 색상의 대비를 크게 배색하는 것이 특징이다. 전체적으로 빨강계열의 색상을 사용하여 Red, Orange, red Purple이 주조색상으로 사용되고 반대색상인 Blue Green, Blue를 강조색으로 사용한다.

화려한 이미지

• 화려한 이미지의 배색 훈련을 3색 배색과 5색 배색으로 표현하고 면적 비례표를 완성하시오.

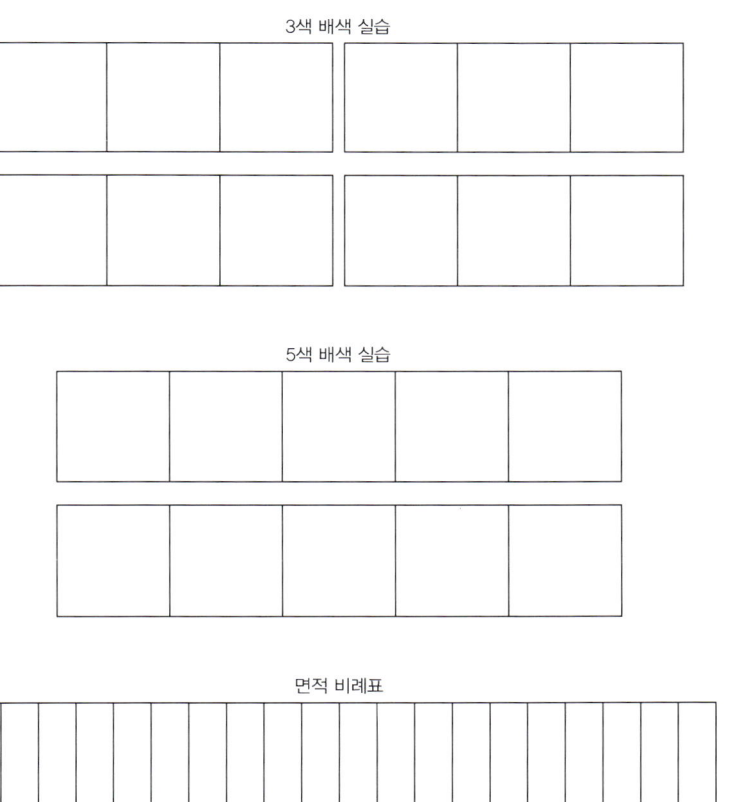

3색 배색 실습

5색 배색 실습

면적 비례표

## 3) 역동적인 이미지(Dynamic Image)

역동적인 이미지는 무채색과 선명한 유채색의 강렬한 채도대비로 표현된다. 이러한 배색은 주로 아웃도어 매장 또는 스포츠 의류에서 쉽게 찾아볼 수 있다.

- 주조색상: Red, Orange, Yellow
- 주조색조: 기본, Blackish, Whitish
- 배색 포인트: Red, Orange, Yellow처럼 능동성이 강한 난색이 주조색상으로 사용된다. 역동적인 이미지를 배색할 때에는 하양과 유채색과의 조화 또는 검정과 유채색과의 조화를 주로 활용하며 주조색과 차이가 많은 색상을 강조색으로 선택하여 배색하며 유채색은 채도가 가장 높은 Vivid색조보다 약간 회색 기미가 섞여 강한 이미지를 연출하는 기본색조를 활용하여 배색하는 것이 특징이다.

역동적인 이미지

• 역동적인 이미지의 배색 훈련을 3색 배색과 5색 배색으로 표현하고 면적 비례 표를 완성하시오.

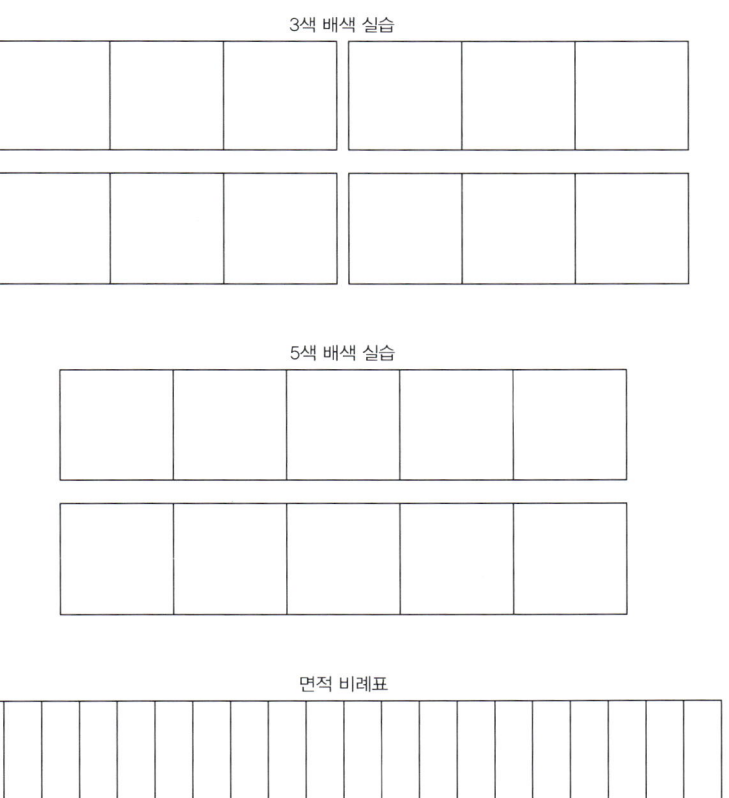

3색 배색 실습

5색 배색 실습

면적 비례표

### 4) 현대적인 이미지(Modern Image)

현대적인 이미지는 다이나믹과 마찬가지로 무채색과 유채색의 조화로 구성되나 다이나믹 이미지보다 메탈릭(Metallic)하고 차가운 이미지로 표현된다.

- 주조색상: 무채색, bluish Violet, Purple
- 주조색조: Blackish, Whitish, Vivid
- 배색 포인트: Black과 White, 선명한 유채색의 강조배색으로 표현된다. 색조와 색상대비가 강렬하게 표현되며 Blue계열의 색상을 활용할 경우 차갑고 냉철하며 정적인 이미지가 연출된다. 주조색상은 무채색 또는 Whitish & Blackish 색조를 선택하고 강조색상은 채도가 높은 Vivid색조를 활용하여 현대적 이미지 배색을 표현한다.

현대적인 이미지

• 현대적인 이미지의 배색 훈련을 3색 배색과 5색 배색으로 표현하고 면적 비례
  표를 완성하시오.

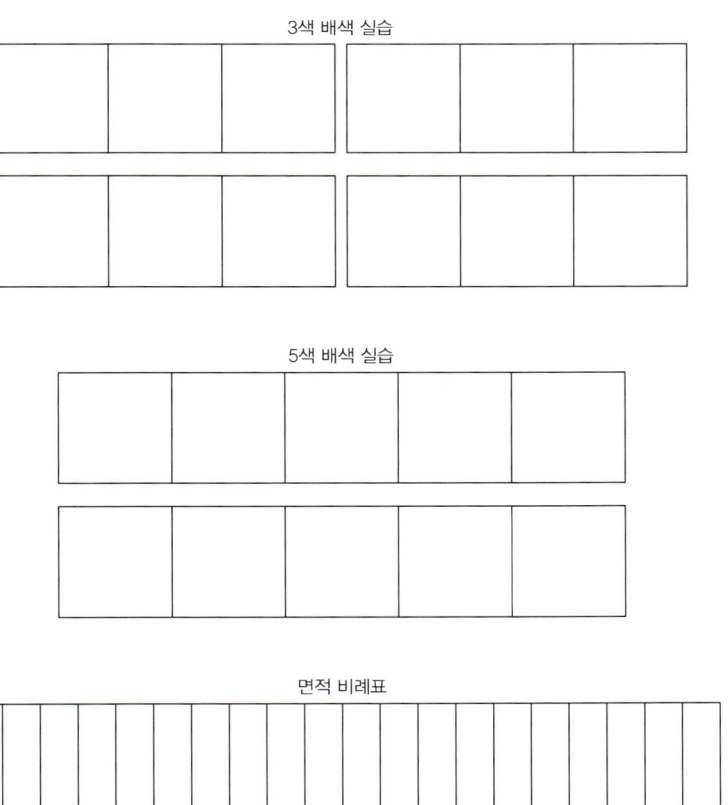

3색 배색 실습

5색 배색 실습

면적 비례표

## 5) 고전적인 이미지(Classic Image)

고전적인 이미지는 고풍스러운 저택, 오래되어 빛바랜 듯한 앤티크 가구 등에서 그 느낌을 찾아볼 수 있다.

- 주조색상: Red, Orange, bluish Violet
- 주조색조: Dark, Dark Grayish
- 배색 포인트: 앤티크 가구의 Dark Brown과 Dark Navy는 고전적인 이미지를 표현하는 대표 색상이라 할 수 있다. 전체적으로 명도가 낮고 채도가 낮은 색조들과 빨강계열의 색상을 활용하여 배색하는 것이 특징이다. 강조색을 선정할 때는 색상 차이보다 명도의 차이에 중점을 두어 배색하는 것이 전통적인 이미지를 연출하는 데 효과적이다.

고전적인 이미지

• 고전적인 이미지의 배색 훈련을 3색 배색과 5색 배색으로 표현하고 면적 비례
표를 완성하시오.

3색 배색 실습

5색 배색 실습

면적 비례표

6) 대지의 이미지(Earthy Image)

푸른 초원에 저물어 가는 태양을 중심으로 노을이 지는 풍경에서 대지의 이미지가 연상된다.

대지의 이미지

- 주조색상: Red, Orange, Yellow
- 주조색조: Deep, Dull
- 배색 포인트: Orange색상을 중심으로 배색되는 이미지로 중채도부터 고채도까지 사용되는 배색 이미지이다. 에스닉(Ethnic)한 느낌을 주는 배색으로 주로 열대 우림의 기후를 가진 나라들의 민족성이 느껴지며 Orange색상 이외에 토양의 색, 나무의 색 등 자연에서 찾아볼 수 있는 색상들을 보조색으로 배색하여 대지의 이미지를 연출한다.

• 대지의 이미지 배색 훈련을 3색 배색과 5색 배색으로 표현하고 면적 비례표를
  완성하시오.

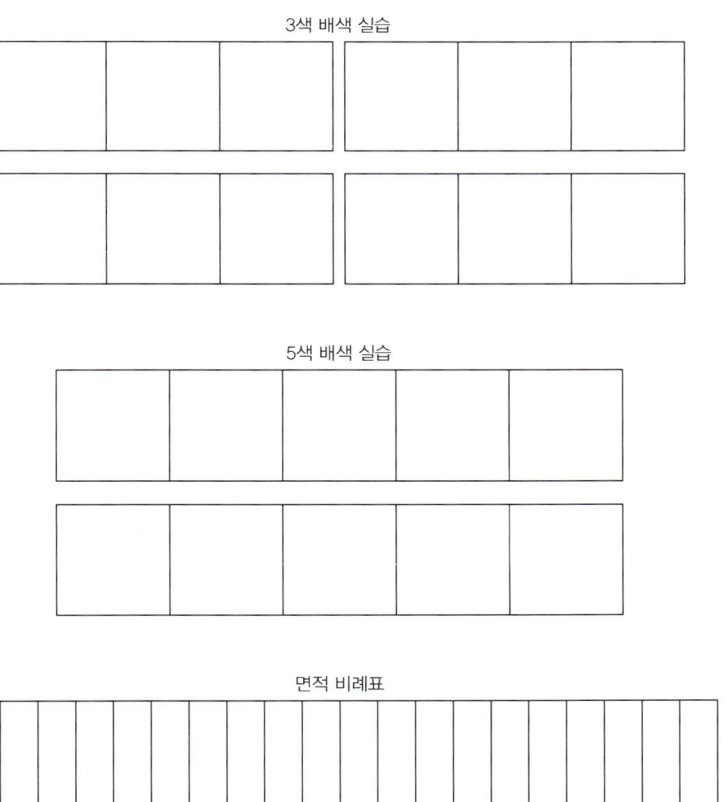

3색 배색 실습

5색 배색 실습

면적 비례표

## 7) 고상한 이미지 (Noble Image)

고상한 이미지는 품격과 품위를 느끼게 하는 배색 이미지로 주로 중년의 남성복 매장 등에서 찾아볼 수 있다.

- 주조색상: Yellow, Blue, bluish Violet
- 주조색조: Dull, Grayish
- 배색 포인트: 명도는 중명도, 채도는 중채도부터 저채도까지 사용되는 차분한 배색 이미지라고 할 수 있다. Dull Tone을 활용한 토널 배색 기법이 고상한 이미지 표현에 적합하며 색상은 물빛의 Blue를 기준으로 유사색상이 사용되고 반대색상인 Yellow가 함께 적용되어 전체적으로 차분한 토널 배색에 색상 차이를 두어 리듬감이 부여되는 배색 이미지이다.

고상한 이미지

• 고상한 이미지의 배색 훈련을 3색 배색과 5색 배색으로 표현하고 면적 비례표를 완성하시오.

3색 배색 실습

5색 배색 실습

면적 비례표

# 화훼장식
# 색채학

___

화훼장식(디자인)의 분류

디자인 테크닉의 이해

디자인의 원리와 요소의 이해

# PART. 4

# 화훼장식
# 디자인

# Ⅰ. 화훼장식(디자인)의 분류

## 1. 화훼장식에 따른 분류

### 1) 분화 장식(Plant Arrangement)

꽃은 물론 줄기까지 같이 감상할 수 있는 완전한 식물체인 분식물로 장식하는 것을 말한다. 절화에 비해 생명력이 길기 때문에 유지기간이 긴 장점이 있다. 따라서 분화를 이용하여 장식할 때에는 식물의 성장상태에 따라 앞으로 변화될 모습까지도 고려해야 한다.

숯과 함께 장식한 풍란-기능성과 장식성을 동시에 살렸다.

호접란과 함께 덩굴성 식물인 아이비를 연출한 식물심기

바구니에 방수처리를 하여 제작한 선물용 식물심기

중앙에 구멍이 뚫린 바구니에 둥글게 심은 분화 장식. 마치 그린 리스(Green Wreath)를 보는 것 같다.

## 2) 절화 장식(Cut Flower Arrangement)

줄기에서 잘린 상태의 꽃만으로 장식하는 것을 말하며 쉽게 시들기는 하지만 다양하고 많은 종류와 풍부한 색상 때문에 화훼장식의 주된 소재로 쓰인다. 생화장식과 생화를 말려서 사용하는 건조화 장식, 생화를 특수 물질을 이용하여 가공처리한 가공화 장식이 있다.

연두와 하양으로 제작한 자연줄기 꽃다발로 깃털과 루나리아를 갈랜드하여 겨울 느낌을 강조하였다.

꽃다발–난색계열의 꽃과 포장지로 따뜻한 느낌을 주는 꽃다발이다.

꽃다발–명도가 높으면서 청색 기미가 있는 분홍 장미의 특징을 살려서 한색계 열의 포장지로 포장한 작품이다.

병꽂이–한색계열의 델피늄을 투명 유리병에 장식하고 동색의 리본으로 색감을 더해 차가운 느낌을 고조시켰다.

부케–장미꽃잎을 모아서 큰 장미(로즈멜리아) 형태로 만든 부케로 장식성이 돋보이는 작품이다.

### 3) 건조화 장식(Dried Flower Arrangement)

절화, 열매, 나뭇가지 등을 건조시켜 화훼 장식품으로 제작하여 장식하는 것이다.

자연소재이면서 생화 장식품의 수명이 짧은 단점을 극복할 수 있는 장식품으로 인기가 높다.

연밥, 은행열매, 노박덩굴 등을 건조시켜서 리스로 제작한 작품

형상물(하트) 장식

건조화 어레인지먼트

건조화 리스

## 4) 조화 장식(Artificial Flower Arrangement)

생화의 형태와 색상을 그대로 인공재료로 만들어서 판매되고 있는 일명 가짜 꽃[假花]으로 하는 장식이다.

쉽게 시드는 생화의 단점은 보완할 수 있지만 생기 있는 표현은 기대하기 어렵다.

생화 사용이 어려운 장소에 주로 이용된다.

행잉볼―공중에 매달아 감상하는 행잉볼 디자인이기 때문에 가벼운 느낌의 표현을 위하여 페일한 톤의 조화로 장식했다.

포푸리(향주머니)―녹색 향주머니에 유사한 색상으로 장식한 조화 장식

분식물―내추럴 이미지의 색상으로 표현한 조화 장식

어레인지먼트―유사색상의 배색으로 봄의 이미지를 표현한 작품

## 2. 장식 형태에 따른 분류

### 1) 어레인지먼트(Arrangement)

가장 많이 이용되는 장식 형태로서 표현 양식에 따른 분류, 사용 용도에 따른 분류, 시대적인 배경에 따른 분류, 제작기법에 따른 분류 등으로 구분된다.

양감의 느낌과 선을 조화롭게 표현하는 포멀리니어 디자인

절화를 이용한 기하학적 디자인 중 수직선을 강조한 버티컬 디자인

오브제 디자인-오브제 받침의 색상과 유사하게 배색하여 디자인한 작품으로 중간의 오브제 색상이 강조색상이 되고 있다.

병꽂이-화기와 꽃의 채도대비를 강하게 표현한 어레인지먼트

## 2) 꽃다발(Bouquet)

많은 양의 꽃송이를 한꺼번에 모아 잡아 줄기가 모이는 부분을 끈이나 리본으로 묶어서 만든 형태의 장식물로서 주로 증정용으로 제작되며 근래에는 장식용으로도 자주 쓰인다.

고대 이집트의 피라미드에서도 찾아볼 수 있는 오래된 양식인 꽃다발은 18세기 영국의 조지안 시대에 꽃과 식물의 향기가 전염병과 재앙을 물리칠 수 있다는 것으로 인식되어 실생활에 널리 이용되기 시작했다.

용도에 따라 웨딩용, 증정용, 감상용 등으로 나뉘며 제작방법에 따라 자연줄기형, 철사처리형, 부케홀더에 꽂는 형 등이 있다.

선물용—플로랄폼에 꽂은 형

선물용(자연줄기)—무채색으로만 제작된 꽃다발을 포장 재료의 질감으로 디자인성을 강조한 작품

선물용(자연줄기)—화훼소재와 포장 재료 모두 유사한 색상계열로 표현한 꽃다발

알루미늄와이어로 틀을 제작하여 만든 자연줄기 꽃다발

웨딩—와이어프레임

웨딩—와이어갈랜드

### 3) 리스(Wreath, 花環)

리스는 화훼식물을 둥근 모양으로 꽂거나 감아서 표현하는 형태의 장식을 말한다.

고대 이집트, 그리스 시대에 죽은 자(亡者), 또는 신이나 영웅에게 바치던 장식물로 이용되었으며 오늘날에는 스탠드나 이젤에 걸어서 축하, 장례식에 두루 쓰인다. 또한 벽걸이나 선물용, 테이블 장식에도 쓰이는 장식물이다.

벽걸이, 선물용─색상환으로 표현한 리스 장식. 채도가 높아서 화려한 느낌을 준다.

스탠드─밝고 경쾌한 톤의 꽃들로 장식된 리스형 스탠드. 행사장 축하용으로 적합하다.

테이블─알루미늄와이어를 이용한 색상과 색조 모두 화려하게 배색된 리스

테이블 장식, 선물용─빨간색의 동일색상으로만 표현한 리스. 통일감이 있으면서 강렬한 메시지 전달에 적합하다.

## 4) 갈랜드(Garland)

절화와 절엽(葉), 리본 등으로
엮어서 길게 만든 장식물이다.

결혼식장, 연회장 등 축제의
장식에 주로 쓰이고 신부장식,
행사용 목걸이, 벽 장식, 테이블
장식으로도 사용된다.

그린소재와 열매 종류로 제작한 갈랜드

꽃잎과 열매 등을 뷰리언와이어(특수가공철사)에 감아서 길게 줄로 만든
갈랜드

틸란드시아(공기란)를 베이스로 하고
꽃잎을 연결하여 만든 갈랜드

### 5) 형상물(Figure)

화훼식물을 이용하여 십자가, 별, 하트, 동물모양, 가문의 문장 등을 만들어서 장식하는 것을 말한다.

하양 카네이션으로 제작한 동물 형상물–강아지

하양 카네이션과 리본, 구슬 등으로 제작한 형상물–하트

장례장식으로 사용되는 형상물–Broken Heart

빨간색 장미로 제작한 형상물–하트

## 6) 콜라주(Collage)

콜라주는 20세기에 등장한 시각예술의 형태로서 천, 금속, 목재, 장식용 건조소재, 깃털 등의 재료를 혼합하여 평면에 붙이는 작업으로 자연적이거나 추상적인 구성을 말한다.

프리저브드 플라워(보존화)를 주소재로 사용한 콜라주 작품

리본과 프리저브드 플라워, 구슬,
건조소재 등을 이용한 콜라주 작품

7) 용액건조화(溶液乾燥-Preserved Flower)

꽃이나 식물들을 특수 용액에 흡수 건조시킨 소재로 장식하는 작업이다.

생화의 느낌을 최대한 살릴 수 있으며 감상 기간이 길고 다양한 색조의 화훼장식을 할 수 있어 최근 급속도로 유행하고 있는 품목이다.

주로 파스텔톤의 재료가 많이 공급되고 있어 신부화(웨딩 부케), 파티 테이블 장식에 많이 쓰인다.

프리저브드 플라워와 초콜릿으로 표현한 밸런타인데이 상품

프리저브드 플라워를 이용하여 만든 팬시 시계

프리저브드 플라워를 이용하여 만든 공간 장식 디자인

## 3. 표현 양식에 따른 분류(시대적)

화훼장식(디자인)의 표현 양식은 크게 동양식(Oriental), 서양식(Western)으로 나뉜다. 동양식은 한국, 중국, 일본을 중심으로 발전되어 온 양식이고, 서양식은 유럽을 중심으로 발생되어 근래에는 전 세계적으로 영향을 끼쳐 두루 활용되고 있는 양식이다.

이 책에서는 서양식 디자인의 양식을 발전되어 온 시대별로 정리해 보기로 한다.

### 1) 기하학적 표현 양식(Classic)

디자인 역사상 가장 오래된 양식으로 형태와 색채 위주로 표현하는 양식이다. 1950년대 미국의 벤즈(M. Buddy Benz)에 의해 기하학적인 도형의 형태로 정리되었으며 서양식 화훼장식의 전통양식으로 분류되고 있다.

구성 형태에 따라 다음과 같이 네 가지 양식으로 나눌 수 있다.

■ 직선 구성

직선 또는 직선과 직선의 조합으로 구성하는 어레인지먼트이다.

이 디자인의 특징은 적은 양의 꽃을 사용하여 단순하면서도 산뜻한 아름다움을 표현할 수 있는 현대적인 어레인지먼트로 수직형(Vertical), L자형(L-Shape), 역T자형(Inverted-T), 대각선형(Diagonal), 수평형(Horizontal) 등이 있다.

이런 직선 구성은 안정, 신뢰, 확실, 명료, 간결, 남성적, 대담, 단순한 느낌을 준다.

L자형-노랑, 연두, 초록의 톤온톤 배색

수직형–보라색의 구성으로 은색의 배경
색과 함께 신비로운 느낌을 표현하고
있다.

역T자형–반대색상(자주색, 초록색)을 이용한 어레인지먼트

대각선형–톤의 대비를 많이 사용한 작품으로
강렬하고 화려한 느낌이다.

L자형–연두색과 녹색으로만 구성한 디자인.
프레쉬한 느낌이다.

■ 곡선 구성

자연 속의 아름다운 곡선을 모방한 선으로 구
성한 어레인지먼트로 우아하면서도 현대적이
다. 초생달형(Crescen), S자형(S-Curve) 등이 있다. 이러
한 곡선 구성은 세련, 섬세, 유연, 여성적, 리듬
감, 명료한 느낌이 든다.

초생달형-말채로 초생달의 모양을 표현한
Creescent의 현대적 디자인

S자형-명료한 곡선을 잘 표현하기 위하여 동일한 색상으로
표현한 어레인지먼트. 효과적인 색감 표현을 위해 하이페리콤
열매로 분리배색했다.

■ 평면 구성

여러 가지 꽃을 풍부하게 사용하여 뭉치(Mass)의 꽃처럼 디자인한 형태로 전통적이
고 클래식한 어레인지먼트이다. 삼각형(Triangula), 부채형(Fan), 둥근형(Round), 타원형(Oval)
등이 있다.

둥근형-대조색상으로 강조배색을 표현한 원형
어레인지먼트

오벌형-유사색조와 반대색
상을 이용한 어레인지먼트

비대칭 삼각형-유사색상을 이용
한 비대칭 삼각형 어레인지먼트

부채형-유사색상을 이용한
어레인지먼트

■ 입체 구성

전후좌우, 사방에서 감상할 수 있는 어레인지먼트이다.

이 형태는 조형적으로 고대 문물에서 흔히 볼 수 있는데 현대에서는 공간 장식이나 테이블 센터피스로 응용된다. 돔형(Dome), 피라미드형(Pyramid), 콘형(Cone), 사각형(Square), 볼형(Ball), 수평형(Horizontal-사방화) 등이 있다.

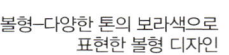

볼형-다양한 톤의 보라색으로
표현한 볼형 디자인

원추형-대조색상을 이용한 원추형 디자인

■ 기타 구성

정원수 다듬는 모양에서 차용해 온 토피어리볼형(Topiary Ball), 퍼져 나가는 물줄기 모양의 스프레이세이프(Spray Shape) 등이 있다.

스프레이 형태-유사색상을 이용한 스프레이 형태

토피어리볼형-보색대비의 작품으로
활기찬 느낌이다.

토피어리볼형

## 2) 전통 유럽 양식(Western Style)

### ■ 밀 드 플레르(Mill de Fleurs)

19세기 중엽 유럽에서 유행되던 디자인 양식으로 '수천 송이의 꽃'이라는 의미를 가지고 있다. 여러 가지 색과 많은 양의 꽃으로 구성하며 풍요로운 인상을 표현한다. 때로 풍부한 색채 표현을 위하여 식물소재 이외에 리본이나 장식품이 사용되기도 한다. 일반적으로 형태는 둥근형이지만 삼각형이나 사각형, 부채형 등으로 디자인되기도 한다.

원색조를 이용하여 만든 밀 드 플레 디자인

밝은 색조를 이용하여 제작한 밀 드 플레 디자인

깊고 어두운 색조를 이용하여 만든 밀 드 플레 디자인

### ■ 워터폴(Waterfall) 디자인

폭포수가 떨어지는 모습을 표현한 디자인으로 신부화 또는 어레인지먼트에 사용되는 디자인 양식이다. 폭포수가 솟구쳐 떨어지는 모습을 표현하기 위하여 길고 유연한 꽃과 잎으로 디자인하며 때로는 깃털이나 거울조각, 금속, 실 등의 재료를 사용하여 햇빛에 반사하는 물의 모습을 표현하기도 한다. 워터폴 디자인을 할 때는 여러 가지 소재가 층층이 겹치게 표현되어야 하므로 자칫 혼란스러워지지 않게 유의한다.

소재들이 겹쳐져 물방울이 튀는 듯한 모습을 표현한다.

여러 소재들을 겹쳐 사용함으로써 물줄기가 흘러내리는 모습을 표현했다.

■ 피닉스(Phoenix) 디자인

피닉스란 불사조라는 뜻으로 고대 이집트의 신화에서 유래한다. 진홍, 파랑, 보라, 황금색 깃털을 지닌 이 새는 사막에서 홀로 5~6백 년을 살다가 스스로 불타서 사라져 버린 후 그 새의 재에서 다시 장미로 나타나서 영생을 시작한다는 신화에 근거하여 부활과 영생의 상징이다. 피닉스 스타일의 표현은 하단 부분에 전통적이고 둥근 모양의 형태를 빼곡히 꽂은 다음 그 중앙에서 분출하듯이 솟아나오는 느낌을 키가 큰 꽃이나 가지들로 표현한다. 이 디자인은 강한 열망과 부활, 열정을 상징하는 형태로 디자인 하부는 방사형 줄기배열로 전통적인 형태로 구성되나 상부로 솟구치는 물줄기의 형상과 어우러져 화려한 자태가 표현되어 파티나 센터피스, 로비장식에 어울린다.

그린색의 동일색상만으로 표현한 피닉스 디자인

상부에 시각상의 초점을 둔 응용형태의 피닉스 디자인

■ 플레미시(Flemish) 디자인

더치 플레미시(Dutch Flemish) 양식이라고
도 하며, 17~18세기경 네덜란드 화가
의 그림에서 유래된 디자인이다. 정물
화를 연상하듯 많은 양의 꽃이 뭉치로
표현되며 신선한 과일과 야채들을 곁들
여 표현한다. 플레미시 양식은 디자인
형태라기보다 디자인 구성에 중점을 두
는 디자인이다.

신선한 과일과 꽃으로 표현한 플레미시 디자인

3) 자연적 스타일

■ 보테니컬(Botanical) 디자인

미국의 현대적 플로럴 디자인 양식이
라고 할 수 있다. 이 디자인은 식물의 생
장과정을 하나의 디자인 안에 표현하는
것이다. 식물의 각 개체에 관한 관찰을 면
밀히 하여 뿌리, 꽃이나 잎, 줄기, 열매 등
을 한 디자인 안에서 보여주며 식물의 라
이프사이클(Life Cycle)에 따라 꽃봉오리부터
낙화(落花)까지 표현하는 것이 원칙이다.

식생적인 느낌을 강조하기 위해 착생란의 뿌리를 돌출시
켜 표현하였다.

■ 랜드스케이프(Landscape) 디자인

조경(造景)이란 뜻의 이 디자인은 큰 자연의 일부를 표현한다. 자연의 한 부분을 설정한 후 나를 중심으로 원거리와 근거리로 구분하여 식물을 배치한다. 특히 계절과 지역 등 식물의 환경을 고려하여 표현하며 화기 또한 자연스러운 질감의 것으로 사용하고 표면 처리도 이끼나 작은 돌, 나무껍질 등으로 자연스럽게 디자인한다.

4계절 중 겨울을 표현한
랜드스케이프 디자인

4) 근대적 디자인

■ 쉘터드(Sheltered) 디자인

디자인 테크닉에서 유래된 디자인 양식이다. '피난처, 안식처'의 뜻으로 화기 안에서 낮고 조그맣게 디자인한 후 나뭇가지, 넓은 잎 등으로 덮거나 살짝 가리는 디자인이다. 안을 들여다볼 수 있게 디자인하여 관찰자의 흥미를 유발시키는 것이 특징이다.

알루미늄와이어로 구조물을 제작하여 만든 현대적인
느낌의 쉘터드 디자인

능수버들을 이용한 자연적 이미지 배색
의 쉘터드 디자인

■ 파베(Pave) 디자인

파베는 본래 보석을 빽빽하게 붙여서 디자인하는 보석가공기법이다. 화훼장식에서는 소재를 평면적으로 빼곡히 배열하여 색채와 질감을 대조시키는 디자인을 말한다. 이 디자인은 베이스의 면 분할을 도형적으로 하면 더욱 효과적이다. 디자인의 일부에 사용되기도 하고 전체 디자인으로 표현되기도 한다.

초생달 모양으로 제작한 파베 디자인으로 색채와 소재를 다양하게 사용하여 표현했다.

소재들을 전체적으로 낮게 꽂아 소재의 질감과 색 채대비가 잘 표현된 파베 작품. 길이의 높낮이[高低]가 없어 자칫 단조로워지기 쉽기 때문에 알로 카시아 잎으로 악센트 처리했다.

■ 뉴 웨이브(New Wave) 디자인

뉴 웨이브는 새롭고 실험적인 경향이나 움직임 등을 말한다. 플로랄 디자인에서의 뉴 웨이브는 소재를 기존의 방식대로 사용하지 않고 구부리거나 접거나 채색 등으로 새로운 시도를 하게 된다. 평범한 소재를 예기치 않은 방법으로 사용하여 시각적인 즐거움을 유발한다.

극락조화 잎을 양복 재단하듯이 오리고 거베라의 꽃만 잘라서 골격 소재에 붙이는 시도를 한 뉴웨이브 작품

■ 뉴 컨벤션 디자인(New Covention)

직역하면 '새로운 관습'이라는 뜻으
로 구조적인 선으로 구성한 스타일이
다. 알파벳 L자 형태를 기본으로 강렬
한 수직선이 있고 이에 반사되는 수평
선들이 있다. 이 선들은 앞, 뒤, 측면에
서 각각 직각을 이룬다.

강한 수직선과 대비되는 수평선들로 이루어진 뉴 컨벤션
디자인

■ 앱스트랙트(Abstract) 디자인

'추상적인 디자인'이란 뜻이다. 비사실적인 표현을 하게 되며 금속, 와이어, 플라
스틱, 유리 등을 사용하여 기하학적인 형태를 강조한다. 줄기를 엇갈리게 하고 꽃잎
이나 잎을 줄기에서 떼어내고 소재를 거꾸로 세워서 표현한다. 소재의 실질적인 모
습을 그대로 표현하는 것이 아니라 축소, 확대 등 왜곡시켜서 디자이너의 작품 의도
를 마음껏 나타내는 디자인이다.

화기, 플로랄폼 등 메케닉의 도움 없
이 똑바로 세우거나 거꾸로 세워서
표현한 작품

천을 씌운 마네킹에 절화 소재들을
거꾸로 걸쳐서 표현한 추상적 디자인

5) 현대 유럽 양식(Modern)

독일을 중심으로 유럽에서 정리, 발전되어 온 양식으로 디자인의 형태보다는 화훼식물이 갖고 있는 고유의 모습이나 형태에 따라 가치(Value)를 부여하고 장식하는 것이다.

표현 양식은 식물생장적, 장식적, 선·형적, 평행적, 구조적, 그래픽적, 텍스츄어 등으로 나뉠 수 있다.


■ 꽃의 가치(Value)별 분류

• 대가치(Great Value)

주로 형태가 크거나 개성이 강한 꽃 종류이다. 대부분 위로 자라는 생장 형태와 독특한 모양으로 단독배열이나 적은 양으로도 표현 효과가 크다.

디자인 영역에서 상위에 배열되는 꽃으로 극락조화, 칼라릴리, 백합, 해바라기 등이 있다.

헬리코니아

안수리움    수국

델피늄    해바라기

오리엔탈 백합    알리움

꽃생강(진저)

• 중가치(Middle Value)

　주로 형태가 중간 크기이거나 단순한 형태로 디자인 영역에서 중간 위치에 배열되며 공간을 메우는 데 효과적이다.

　튜립, 장미, 카네이션, 거베라 등이 해당된다.

튤립

장미

카네이션

니겔라

미니거베라

• 소가치(Small Value)

　디자인 영역에서 하위그룹에 배열되며 단독으로 보다는 그룹으로 있을 때 효과적이다.

　프리뮬라, 셀라기넬라, 프리지어, 소국 등이 있다.

아게라텀

미니장미

부바르디아

소국

숙근안개초

■ 식물생장적(Vegetative)

작품 속에서 자연을 사
실적으로 표현하는 것을
말한다. 식물의 생태학적
인 부분을 고려하여 그 식
물의 생태환경을 벗어나
지 않는 범위 내에서 배치
하여 마치 작품 공간 안에
서 자라는 듯한 표현을 하
는 표현 양식이다. 이 양식
은 식물 본래의 자연적인
모습에서 최대한 벗어나지

식물이 자연에서 자라나는 모습을
방사형으로 표현했다.

수직으로 식생하는 식물의 특징을 잘
살린 평행적 생장디자인

않게 디자인한다. 방사선 생장(Radial Vegetative) 디자인, 평행적 생장(Parallel Vegetative) 디자인 등
두 가지 형식이 있다.

■ 장식적(Decorative) 디자인

장식적 디자인은 식물의 생태적 특성보다는 장식적 효과를 높이는 데 비중을 두
고 하는 작업이다. 소재의 개성보다는 작가의 의도가 더 반영된 디자인으로 소재를
자유자재로 구성하여 장식성이 돋보이도록 하는 디자인이다.

물줄기가 흘러내리듯 표현한
장식적 디자인이다.

은행나무를 두꺼운 종이에 붙여 꽃바구니에 장식적인 요소로
사용했다.

화기에 꽂은 장식적 디자인.
화려한 색감대비가 흥미롭다.

■ 선·형적(Formal Linear) 디자인

선·형적이란 의미는 각 소재가 가지고 있
는 형태(Form)와 선(Line)이란 의미로 뚜렷한 선
과 각도를 가지고 대칭, 비대칭의 질서를 유지
하면서 형과 선을 명확하게 표현하는 구성법
이다. 수직, 수평, 사선, 곡선을 모두 이용하는
것이 좋으며 식물의 고유 형태를 그대로 사용
하는 것보다 길게 하거나 짧게 처리하여 선과
형태를 강조하는 디자인이다.

선과 형이 대비되는 선·형적 디자인

■ 평행적(Parallel) 디자인

평행적 구성은 소재들이 수직, 수평으로 나란히 배치된 디자인이다. 식물소재의
구조적 특성상 100%의 평행은 아니더라도 대부분의 소재들이 나란히 배치되어 있
으면 평행적 디자인이라고 정의한다.

모든 소재들이 수직으로 구성된 평행적 디자인

식물의 줄기가 모두 평행하게 배열되어 각각의 생장점을 갖게 표현된 디자인이다.

■ 구조적(Structure) 디자인

'구조적 구성'이라는 뜻으로 소재를 교차시키거나 구부리거나 서로 얽히게, 또는 감아서 건축적 개념의 구조물(structure)을 연상하게 하는 구성이다. 여러 가지 다른 크기의 불규칙한 면과 선으로 높이의 차이를 두고 형성되어야 하며 대칭 또는 비대칭으로 이루어지고 색상대비가 큰 것은 피한다. 구조물 안쪽의 자유로운 공간에서 그늘, 깊이, 라인 어레인지먼트 그리고 부분적으로 구획들을 넣거나 겹치게 하여 다차원적인 움직임을 주는 디자인이다.

피마자를 구조적으로 배열하여 장식한 디자인

구조적으로 엮어진 석화버들 사이로 장미와 튤립을 배치했다.

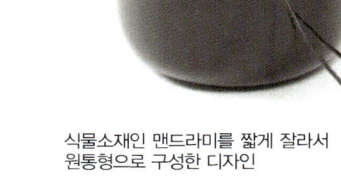

식물소재인 맨드라미를 짧게 잘라서 원통형으로 구성한 디자인

■ 그래픽적(Graphisch) 디자인

자연적 디자인의 반대 개념이다. 식물 고유의 자연적인 형태를 작가의 의도대로 왜곡, 변형시켜서 창의적이고 추상적인 작품을 구성하는 것이다.

그래픽적 디자인의 특징은 자연소재뿐만 아니라 인공소재도 함께 써서 추상적이고 도형적인 작업을 한다.

식물소재와 더불어 컬러보드와 채색한 대나무, 케이블타이 등을 이용하여 제작한 창의적이고 독창적인 디자인

■ 텍스츄어(Texture) 디자인

'질감'이란 뜻의 텍스츄어 디자인은 소재 표면의 거침, 빛남, 부드러움, 딱딱함 등을 말한다. 사용되는 모든 소재의 표면 질감을 부각시켜서 하나의 디자인 영역에 표현하면, 아주 흥미로운 디자인을 연출할 수 있다. 이 디자인에서는 높낮이의 차이를 약간 두는 것이 대비효과를 부각시킨다.

나무껍질의 거칠음. 알로카시아 잎의 반짝거림. 채색한 연밥의 인공적인 느낌 등을 한 작품에 대비시킨 텍스츄어 디자인

금색으로 채색한 연밥의 가죽 같은 느낌과 하이드로볼 흙 질감이 잘 대비되어 있다.

인접한 곳에 위치하는 소재의 질감 차이를 극대화하여 표현했다.

나무껍질의 딱딱함과 조의 보송보송한 질감대비가 재미있다.

나무껍질. 낙엽의 퇴색한 질감과 생화 소재의 싱싱한 질감대비가 흥미롭다.

■ 교차(Crossing) 디자인

줄기의 교차를 중요시하는 디자인으로 교차된 선의 소재가 표현의 효과를 주기 때문에 최소화된 소재와 색상을 선택한다. 짧은 길이로 디자인하여 테이블 장식으로도 쓰이며 데커레이티브(Decorative)하게 대형으로 제작하여 공간 장식으로도 활용할 수 있다.

소재의 줄기가 서로 교차되도록 표현한 작품으로 투명성이 강조된다.

브론즈 네트를 이용하여 표현한 교차디자인이다.

■ 대각선(Diagonal) 디자인

수직형 두 개를 비스듬히 대각선으로 맞추는 기분으로 디자인한다. 다이아몬드형을 옆으로 비스듬히 늘인 형태와 같다. 좌우가 불균형적이면서 개성적인 디자인이라 할 수 있다. 소재의 개성을 잘 살리기 위해 직선적인 소재를 사용하고 줄기 배열이 나란히 되지 않아도 된다. 줄기의 표면에 미의 관점을 준다.

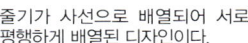

줄기가 사선으로 배열되어 서로 평행하게 배열된 디자인이다.

사용된 소재의 질감대비를 표현한 대각선 작품이다.

■ 와인딩(Winding) 디자인

80년대에 성행하던 휘어진 또는 감긴 모양의 디자인이며 처음에는 꽃 재료로 순수하게 만들어졌으나 점차 철사, 털실, 가죽 리본, 심지어 가는 실이나 금속 줄기를 쓰는 디자인으로 변모하였다.

곱슬버들을 이용하여 휘어감은 듯한 모습을 표현했다.

■ 오버래핑(Overlapping) 디자인

식물의 선들이 교차되는 현상을 이용한 디자인으로 각각의 선들은 모두 뚜렷하여야 한다. 비대칭 또는 대칭이 가능한 디자인으로 주, 역, 부 그룹이 필요하며 생장형형태로 자연적인 꺾임과 소재의 운동성을 최대한 고려해야 한다. 이 디자인은 생장점이 여러 개이다.

식물들이 윗부분에서 서로 포개지도록 제작하였다.

양방향으로 운동성이 표현되게 식물을 배치하여 식물소재가 서로 포개지도록 제작했다.

■ 스택(Stacked) 디자인

'겹쳐 쌓아올린다'는 뜻으로 하나의 소재에 또 하나의 소재를 배치하며 차곡차곡 쌓아올리는 기법으로 나무토막, 짧게 자른 줄기로 단을 쌓아 올리는 듯한 형태가 가장 흔한 구성이다. 단순한 종류의 꽃만 가지고 있지만 양이 충분할 때 디자인의 단일체를 나타내는 효과가 있다.

수직으로 쌓아올리듯이 표현하는 디자인으로 질감과 색상의 변화를 이용하여 표현한다.

■ 번들드(Bundled) 디자인

'다발 짓기'의 뜻을 가진 디자인으로 라벤더, 곡류, 버드나무, 대나무, 마디초 등은 이 어레인지먼트에 사용되는 재료들이다. 다발 구조는 자발적이고 거칠고 불안한 작업을 주변 환경의 초점에 맞추어 정돈되고 고요함을 제공한다. 다발 구조는 당초 지중해 낭만주의를 표현하기 위해서 장미나 아이비로 풍부하게 만들어진 어레인지먼트를 교차하여 포장한 다발과 같은 모양이며 구조적이고 정적인 면을 지니게 된다.

마디초를 다발로 만들어 표현한 번들 디자인

볏짚을 다발로 만들어 표현한 번들 디자인

# II. 디자인 테크닉의 이해

## 1. 기초기법(Basing)

디자인하는 데 가장 아랫부분에 있는 소재들을 배치하는 방법을 이야기한다. 즉, 플로랄폼을 가리는 데 사용되는 기법을 말한다. 필로잉(Pillowing), 클러스터링(Clustering), 레이어링(Layering), 파베(Pave) 등의 기법이 있다.

1) 필로잉(Pillowing)

'Pillow'는 베개라는 뜻으로 베개같이 포근한 느낌으로 뭉치감 있게 꽂는 기법을 말하며 작은 언덕을 이루듯 표현한다.

소국, 골든볼, 미니장미, 화초토마토 열매로 표현한 필로잉 기법

2) 클러스터링(Clustering)

무리짓기 기법으로 작은 송이의 꽃이나 열매를 묶어서 하나의 큰 덩어리로 만들어 표현하는 기법이다.

하이페리콤 열매를 묶어서 클러스터링 처리했다.

### 3) 레이어링(Layering)

'겹치다' 등의 의미로 동일 소재를 겹쳐서 표현하는 기법으로 소재의 겹쳐짐이 확실하게 표현되어야 한다. 주로 아이비, 갤럭시 등의 잎 소재를 사용한다.

면이 넓은 갤럭시 잎을 겹쳐서(레이어링) 화기 윗면을 커버했다.

### 4) 파베(Pave)

파베란 '금속이 보이지 않게 보석을 박은 듯 가득 메운다'는 뜻으로 꽃과 꽃 사이에 빈 공간이 없도록 높낮이가 일정하게 꽂는 기법을 말한다.

소재들을 보석장신구를 디자인하듯이 빼곡하게 장식한 파베 기법

### 5) 테라싱(Terracing)

같은 재료를 위아래로 배치하면서 계단의 모양을 표현하는 기법으로 잎 소재나 건조소재 등을 이용한다.

### 6) 스테킹(Stacking)

'쌓아 올리다' 등의 뜻으로 직각으로 소재를 쌓듯이 표현하는 기법을 말하며 건조소재나 조, 나무토막 등을 이용하면 쉽게 표현할 수 있다.

연밥을 짧게 잘라 탑을 쌓듯이 쌓은 스태킹 기법

## 2. 시각적 흥미를 유도하는 기법

색상, 형태, 질감 등이 비슷한 소재들을 시각적으로 강조하기 위해서 모아 꽂아주는 기법이다.

### 1) 프레이밍(Framing)

액자처럼 보이게 만드는 기법으로 작품에 마치 테두리를 씌운 것처럼 표현하는 기법을 말한다. 작품 전체를 틀로 둘러싼 것처럼 보이게 하여 시각적 연장선 효과와 강조 효과를 표현한다.

곱슬버들을 이용하여 액자의 틀처럼 디자인의 외곽을 강조한 프레이밍 기법

## 2) 쉐도잉(Shadowing)

음영을 주는 기법으로 방향성이 있는 소재를
반복하여 그림자처럼 배치하는 기법을 말한다.
주로 깊이감을 표현하고 싶을 때 많이 사용하는
기법이다.

먼저 꽂은 소재의 옆에
그림자처럼 하나를 더 꽂아
입체적으로 표현한 쉐도잉 기법

## 3) 시퀀싱(Sequencing)

차례짓기 기법으로 소재를 작은 것에서부터 큰
것 순으로 또는 큰 것에서 작은 것 순으로 차례를
지어 배열하는 기법을 말한다. 색상 차이에 의해
서 차례짓기를 하기도 하는데 색상으로 표현하는
방법은 그라데이션(Gradation) 기법이라고 한다.

장미꽃의 크기를
점진적으로 변화를 주면서
꽂은 시퀀싱 기법

## 4) 프루닝(Pruning)

소재의 줄기에서 잎들을 떼
어내어 줄기를 노출시키거나
꽃들이 잘 조화되도록 연결구
간을 강조하기 위하여 가지치
기하는 기법이다.

레프롤랩시스의 잎들을 훑어내고 줄기를 드러내서 신선한 느낌을
표현하고 있다.

### 5) 쉘터링(Sheltering)

은닉처, 안식처라는 뜻으로 꽃을 보호하는 듯 표현하는 기법을 말한다. 큰 잎으로 작고 연약한 소재들을 보호하듯이 표현한다.

26번 철사와 깃털을 이용하여 꽃이 보호되는 듯한 느낌을 표현했다.

### 6) 그룹핑(Grouping)

같거나 비슷한 소재로 함께 무리지어 꽂는 기법을 말하며 특정 소재를 부각시키는 효과가 있다. 식생적 디자인을 할 때는 군락을 표현하는 기법으로도 사용된다.

길게 꽂은 사각초와 낮게 모아 꽂은 천일홍이 그룹핑 기법을 잘 표현하고 있다.

소재들의 그룹핑이 잘 표현된 작품

## 7) 테일러링(Tailoring)

의복을 재단하듯이 잎이나 꽃을 인위적으로 오리거나 접어서 꽂는 기법이다. 주로 강한 소재들을 사용한다(극락조화잎, 소철잎, 엽란 등).

극락조화 잎을 재단하듯이 오려서 잎 표면 질감인 딱딱한 느낌을 완화시켰다.

## 3. 묶는 기법

소재들을 하나로 결합시키기 위한 기법이다.

### 1) 밴딩(Banding)

장식적으로 줄기나 어느 한 부분을 아름답게 보이기 위해 감거나 묶는 것을 말한다.

튤립 꽃 표면에 장식용 철사를 감아서 화려함을 더해준 밴딩 기법

해바라기 줄기에 끈(라피아)을 사용하여 기능과는 상관없이 장식적으로 묶은 밴딩 기법

## 2) 바인딩(Binding)

기능적으로 묶음이 필요할 때 묶는 것을 말하며 클러스터링 등을 할 때 작은 꽃들을 뭉쳐 하나로 만들고 싶을 때 사용하는 기법이라고 할 수 있다. 또한 자연줄기 핸드타이드 부케에도 바인딩 기법이 사용된다.

길게 꽂았을 때 흐트러지기 쉬운 조를 살짝 묶는 바인딩 기법으로 처리했다.

## 3) 번들링(Bundling)

같은 소재를 동일한 길이로 묶어 다발로 만들어 그것을 하나의 개체로 표현하는 기법이다.

속새(마디초)를 다발로 묶어 표현한 번들 기법

## 4) 번칭(Bunching)

여러 개의 소재를 묶어 전체적인 작업을 신속히 수행하기 위한 기술이다. 철사를 이용한 부케를 만들 때 장미와 숙근안개초를 함께 묶어서 작업하는 경우에 해당한다.

## Ⅲ. 디자인의 원리와 요소의 이해

디자인의 원리란 어떤 실체를 형성하기 위하여 각 요소들이 어떻게 결합되어야 하는가를 결정하는 연관법칙이다. 디자인 원리에는 조화, 통일, 균형, 비율, 강조, 리듬, 구성 등이 있으며 이들은 독립적으로 나타나는 것이 아니고 상호 보완적인 관계를 갖고 형식적이며 감각적인 요소의 영향으로 총체적으로 나타난다.

# 1. 조화의 통일

## 1) 조화

작품의 구성요소가 전체 또는 부분의 상호관계에서 그들이 서로 분리되거나 배척되지 않고 통일되어 일치감을 나타낼 때 얻어지는 미적 특성이다. 이는 각 요소 상호간에 논리적인 복합적 조립에 의해서 표현되는 것이 보통이다. 조화의 원칙은 화훼장식에 있어서 핵심적인 것이며 다양한 모든 요소들 간에 적절한 관계가 이루어질 때 효과는 극대화된다. 화훼장식에서의 조화는 화기와 소재의 조화, 공간과의 조화, 목적과의 조화 등으로 구분된다.

소재와 화기, 공간과의 조화가 돋보이는 작품

식물의 자연스러운 배치와 주변 환경과의 조화가 잘 표현된 작품

## 2) 통일

여러 가지 요소들이 모아져 하나로 완성되는 효과를 얻기 위해 상호작용하는 것을 말한다. 통일감을 달성하기 위해서는 개별적인 부분들의 그룹보다는 전체를 하나의 단위로 바라보는 것이 중요하다. 각 요소들 사이에 근접성(Proximity)과 연계성(Transition), 반복성(Repetition)이 있는 구성일 때 통일감 있는 작품이 된다.

반복구성으로 통일감을 표현한 작품

연계성 있는 구성으로 표현한 통일감

## 2. 균형과 비율

### 1) 균형

균형은 크게 물리적 균형과 시각적 균형으로 나눌 수 있으며 그 안에서 다시 대칭적 균형과 비대칭적 균형, 방사형 균형, 개방적 균형으로 나누어진다. 저울의 원리와 같이 작품의 중심에서 시각적 또는 물리적으로 힘이 안정되어 있으면 보는 사람에게 안정감을 준다.

식물 재료의 시각적 무게 측정

| 분류 | 단위 | 무겁고 견고한 | 가볍고 약한 |
|------|------|------|------|
| 크기 | Size | 크다(Large) | 작다(Small) |
| 형태 | Shape | 둥글다(Round) | 뾰족하다(Spiky) |
| 공간 | Space | 빽빽하다(Dense) | 느슨하다(Loose) |
| 패턴 | Pattern | 대담하다(Bold) | 연약하다(Pine) |
| 질감 | Texture | 거칠다(Coarse), 윤기나다(Shiny) | 매끄럽다(Smooth), 털이 많다(Hairy) |
| 색상 | Hue | 따뜻하다(Warm) | 차갑다(Cool) |
| 명도 | Value | 어둡다(Blackish) | 밝다(Whitish) |
| 채도 | Chroma | 선명하다(Vivid) | 탁하다(Grayish) |

대칭적 균형을 표현한 작품

비대칭적 균형의 예

### 2) 비율(Proportion)

균형과 분리해서 생각할 수 없는 비율은 대개 디자인의 한 부분이나 전체에 대해 갖는 관계를 말한다. 이는 구성요소 간의 상대적 크기 관계를 의미한다. 황금분할이 그 예이다.

작품의 크기, 폭, 화기와의 관계에서 좋은 비율을 나타내고 있는 작품

## 3. 초점과 리듬

### 1) 초점(강조)

강조는 작품 전체에서 특정한 부분을 강하게 표현하는 것을 말한다. 즉, 디자인에서 압도적인 느낌을 주도하며 흥미를 유발하는 시각적 활동의 중심을 초점이라 말한다. 화훼장식 구성에서는 디자인을 할 때 초점을 미리 계획해 두는 것이 도움이 된다. 왜냐하면 초점이 없는 작품은 호소력이 약하고 집중력이 떨어지기 때문이다. 대칭적인 디자인에는 초점이 중앙에 있는 반면에 비대칭적인 디자인에는 한쪽에 치우친다. 작품에 흥미를 유발하는 최선의 방법은 강조의 포인트, 즉 초점을 만드는 것이다.

그러나 지나치게 압도적이어서는 안 된다. 구성의 일부로 존재해야 한다.

| 강조를 표현하는 방법 |
| --- |

색상 대비
크기 대조
모양과 무늬
공간 만들기
조직(표면 구조)
액세서리
선의 방향
방향 정하기(꽃의 표정)
구조 짜기
고립시키기

고립시키기

공간 만들기로 작품의 강조점
을 표현하고 있다.

선의 방향이 작품에 있어서 강조
되고 있다.

## 2) 율동감(Rhythm)

화훼장식에서의 리듬은
음악의 리듬과 비슷하다.
눈의 흐름을 느리게, 천천
히 또는 중단 없이 흐르는
듯하게, 때로는 빠르고 활
기차게, 갑자기 끊어지는
듯한 표현으로 감정을 흔
드는 감각의 움직임을 만
들어 내야 한다. 리듬의 목
적은 초점에 몰렸던 집중
적인 시선을 디자인의 모

자연스러운 곡선의 칼라릴리의 선과
덮어씌워진 석송의 선이 리듬감을 연
출하고 있다.

감아올리기 기법(Winding)의 작품
으로 위로 향한 소재들의 배치가 다
이나믹한 리듬감을 표현하고 있다.

든 부분으로 보내는 것이다. 즉, 눈의 움직임을 초점에서 디자인의 다른 모든 부분
으로 옮겨가게끔 해야 한다. 리듬은 비슷한 색, 모양, 조직, 선 등을 반복하여 쉽게
표현할 수 있다. 색의 반복은 초점에서 다른 구성 부분으로 시선을 끄는 가장 커다
란 요소가 되기도 한다. 꽃 구성에서 리듬은 움직이는 느낌을 주는 특성이 있어 시

각적인 즐거움을 줄 수 있다. 꽃과 꽃의 연결, 작품 전체에서 느껴지는 리듬은 디자인의 중요한 요소이다.


## 4. 스타일과 구성

### 1) 스타일

모든 예술에서 그렇듯이 화훼장식도 디자인하는 사람의 개인적인 해석에 따라 그 형태를 꾸미게 되고 그 해석이 스타일로 옮겨지는 것이다. 스타일이라는 것은 디자이너가 구성하는 독특한 방식이라고 할 수 있는 것이다. 또한 디자인 자체의 표현이나 타입으로 설명할 수 있다. 스타일과 구성에는 많은 요인들이 영향을 끼친다.

화기, 꽃, 잎, 완성된 모양, 액세서리 등 기타 요인들이 함께 디자인 스타일을 결정하게 된다. 또한 디자인을 하는 의도, 기능, 메시지 등에도 관계된다. 때로는 특정한 분위기나 테마가 필요할 때도 있다. 그러므로 작품을 구성하기 전에 작가 스스로에게 "어떤 스타일이 필요한가?" 하고 물어보는 것이 디자인 과정을 심도 있게 하고 꽃 구성에 필요한 것을 준비하게 한다.

독특한 화기의 형태에서 고안된 디자인 스타일

### 2) 구성

성분(용기, 꽃, 잎, 액세서리)이나 요소를 통일하고 조화로운 전체로 묶는 것이라 말할 수 있다. 구성은 완성된 배열로 간주된다. 디자인 스타일을 만드는 데 흔히 말하는 시간(Time), 장소(Place), 경우(Occasion), 이 세 가지 조건을 충족시킬 수 있는 구성이 필요한 것이다.

꽃을 구성하고 디자인 스타일을 만드는 데에 어떻게 배열할 것인가에 따라 성분을 정하게 된다. 테마, 색상, 크기, 모양, 메시지, 장식들을 꽃을 배열하기 전에 우선 고려하여야 한다. 어떤 목적으로 어느 장소에, 어떤 크기로, 어떤 거리에서, 눈높이 위치, 이 모든 것은 디자인의 계획과 구성에 중요한 고려사항이다.

화기와 소재가 주된 구성요
인이 된 작품

T. P. O의 조건을 충분히 고려하여 구성한 작품

## 5. 개념요소

### 1) 점

개념적인 점은 공간에서의 하나의 위치를 말한다. 넓이나 깊이는 존재하지 않으며 한 선의 양 끝, 평면이나 입방체의 모서리, 선들이 만나는 곳 등을 말한다.

점의 심리적 효과와 다양성을 보여준 연출

#### 점의 특성

· 심리적 효과: 주의력을 분산, 집중시키며 연관성을 갖게 한다.
· 방향감: 이동적인 방향감과 원근감을 나타내게 한다.
· 크기: 크기에 따라 무게, 형태, 선을 느끼게 한다.
· 긴장감: 지정된 공간 안에 있는 하나의 점은 긴장감을 느끼게 한다.
· 선과 면: 많은 점이 일렬로 연결되었을 때 하나의 선을 이루고 선이 움 직일 때 면이 된다.
· 다양성: 크기가 다른 물체를 점 요소로 적당히 배치할 때 원근감과 다양성을 갖게 한다.

연결된 많은 점들은 선이 되기도 하고 면을 형성하기도 한다.

## 2) 선

점이 이동함에 따른 궤적이 선을 이룬다. 길이는 있으나 넓이, 깊이는 없다.

### 선의 특성

- 디자인 선: 정적인 선, 수직선, 수평선, 동적인 선, 곡선, 사선, 나선형선
- 구성면에서의 선: 혼돈의 선(Confusion), 반대의 선(Oppsition), 평행의 선(Parallel), 방사의 선(Radiation)
- 화훼장식에서의 선: 물체의 선(실제의 선), 암시적인 선(반복적 요소에 의한 선), 심리적인 선(마음속의 선)

평행의 선이 잘 표현된 작품

심리적인 선이 표현된 작품

## 3) 면(Plane)

점, 선의 이동 궤적이 면을 형성한다. 직선이 평행 이동할 때는 사각형의 면이 생기고 회전할 때는 원이 구성된다. 선의 이동 방향과 회전각에 따라 각각 다른 형의 면이 생긴다.

점의 심리적 이동 궤적이 면을 형성한 예

선의 심리적 이동 궤적이 면을 형성한 예

### 4) 양(Mass)

점이나 면의 집합이 양을 만든다.

점들의 집합이 커다란 양(Mass)을 표현하고 있다.

### 5) 형태(Form)

물건의 입체적인 면을 가리킨다. 높이와 폭을 가진 1차원적인 평면을 형(Shape)이라고 하고 깊이를 포함한 3차원적인 입체공간을 형태(Form)라고 한다. 디자인의 다양한 모양은 흥미를 더해주고 시각적인 만족감을 주는 데 필수적이다.

높이와 폭을 가진 라운드 세이프(Round shape)    높이와 폭, 공간을 형성하고 있는 형태(Form)

## 6) 크기(Size)

길이, 폭, 깊이 등을 측정하는 것을 의미하며 점, 선, 면, 형태 등으로 서로의 공간 간격을 가질 경우에 그 공간의 간격은 크기에서의 대비가 되어 서로 다른 느낌으로 표현된다. 또한 크기가 다르면 공간거리가 생기고 근경, 중경, 원경 등의 원근감이 나타난다.

공간의 간격과 배치의 영향으로 형성된 크기의 변화

## 7) 질감(Texture)

소재들의 표면에는 각각 고유의 표면 질감을 가지고 있다. 소재들이 가지고 있는 거칠음, 부드러움, 광택, 딱딱함, 말랑말랑함 등의 질감들을 대비시켜 배치하여 시각적인 즐거움을 유도한다.

거칠음, 광택, 매끈함 등의 질감을 표현한 콜라주 작품

## 8) 색채

누구나 주목할 수 있는 유일한 시각적 요소가 되므로 디자인에 있어서 중요한 부분을 차지한다. 색은 균형, 깊이, 강조, 리듬, 조화 및 통일을 이루는 데 사용된다.

화훼장식에 있어서 색채의 표현은 자연의 색을 그대로 사용할 수도 있고 인위적인 요소를 가미하여 사용할 수도 있다. 예를 들면 페인트, 물감 등을 사용한다든지 자연재료의 색을 인공소재에 덮어씌워서 표현하는 것을 인위적 색채 표현이라고 한다.

자연소재인 연밥에 물감을 칠해서 인위적 색채 표현을 했다.

# 6. 상관요소

상관요소는 2차원 디자인에서보다 3차원 디자인에서 더 쉽게 설명할 수 있다. 2차원 디자인에서 윤곽체계를 설정하는 것과 같이 3차원 디자인에서는 하나의 가상적 정육면체를 사용하여 여러 가지 상호관계를 설명할 수 있다.

1) 방향(Direction)

방향의 종류에는 수직, 수평, 경사방향 등이 있다.

- 수직방향: 매우 균형 잡힌 느낌과 약간의 긴장감을 표현한다.
- 수평방향: 안정적이며 조용하고 수동적인 느낌을 표현한다.
- 경사방향: 수직과 수평의 균형 잡히고 안정적인 느낌에 활력을 주는 요소로 작용한다.

수직방향 표현의 예　　　　　경사방향 표현의 예　　　　　수평방향 표현의 예

2) 공간(Space)

공간요소는 작가가 작품을 구상할 때 사용할 수 있는 공간을 의미하며 주어진 상황에 따라 전체공간이 결정된다.

- 양화적 공간: 꽃이 채워진 공간
- 음화적 공간: 소재(꽃들) 사이의 공간
- 빈 공간: 작품이 구성되어 있는 이외의 공간
- 열린 공간: 작품 전체를 가리지 않고 열려있는 공간
- 닫힌 공간: 작품 전체를 프레임 처리하여 가려져 있는 공간

소재(꽃)들 사이의 공간                    작품 전체를 프레임 처리하여 가려져 있는 공간

3) 깊이(Depth)

　적절한 깊이는 전체적인 디자인의 균형감각에 도움이 된다. 그러므로 꽃 구성에 있어서 깊이감을 조성하는 것은 중요한 일이다. 재료의 크기, 색상, 명도를 사용하여 깊이감을 더할 수 있다.

색상과 명도의 효과로 깊이감을 표현한 작품